高等教育"十二五"规划教材

XINBIAN DAXUE XINXIJISHU SHIYANZHIDAO YU SHIXUNJIAOCHENG

新编大学信息技术
实验指导与实训教程
（Windows 7+Office 2010 版）

胡声洲 钟琦 尹华 主编

U0313346

人民邮电出版社

北京

图书在版编目（CIP）数据

新编大学信息技术实验指导与实训教程：Windows 7+Office2010版 / 胡声洲，钟琦，尹华主编. -- 北京：人民邮电出版社，2014.9（2016.8重印）
高等教育"十二五"规划教材
ISBN 978-7-115-36026-7

Ⅰ. ①新… Ⅱ. ①胡… ②钟… ③尹… Ⅲ. ①Windows操作系统—高等学校—教材②办公自动化—应用软件—高等学校—教材 Ⅳ. ①TP316.7②TP317.1

中国版本图书馆CIP数据核字(2014)第164291号

内 容 提 要

　　本书是高校大学信息技术课程的实验指导与实训教程。全书由实验篇、训练篇、综合测试篇和模拟篇4部分组成，包含实验指导、各知识点训练、综合测试和全国计算机等级考试模拟等内容。其中实验篇包含 Windows 操作系统、Word、Excel、PowerPoint 以及网络使用在内的 9 个实验；训练篇精选了包含与主教材对应的 6 个部分的训练题近 1200 题，用于强化和巩固各知识点；测试篇包含 5 套综合测试题；模拟篇介绍了全国计算机等级一级考试系统的使用方法，并提供了两套样题。

　　本书内容丰富，实践性强，适合作为高校大学信息技术课程的实训教程，同时本书也是一本较好的自学参考书。

◆ 主　编　胡声洲　钟　琦　尹　华
　　责任编辑　马小霞
　　执行编辑　喻智文
　　责任印制　张佳莹　焦志炜

◆ 人民邮电出版社出版发行　　北京市丰台区成寿寺路 11 号
　　邮编 100164　电子邮件 315@ptpress.com.cn
　　网址 http://www.ptpress.com.cn
　　固安县铭成印刷有限公司印刷

◆ 开本：787×1092　1/16
　　印张：13　　　　　　　　2014 年 9 月第 1 版
　　字数：301 千字　　　　　2016 年 8 月河北第 4 次印刷

定价：26.00 元
读者服务热线：(010)81055256　印装质量热线：(010)81055316
反盗版热线：(010)81055315

本书编委会

主　　编　胡声洲　钟　琦　尹　华

副 主 编　刘福来　刘汉明　何显文

编　　委　范林秀　廖　雁　吴　虹　易　云　周香英

前　　言

　　本书根据教育部高教司非计算机专业计算机教学指导分委员会提出的高等学校计算机基础课程教学基本要求编写，兼顾全国计算机等级考试（一级）新大纲（Windows 7+Office 2010 版）的要求，是高校大学信息技术课程的实验指导与训练教材。本书积极探索以计算思维能力培养为核心的计算机基础课程教学改革，强化实践和自主学习。全书分为实验篇、训练篇、综合测试篇和模拟篇 4 部分。其中，实验篇包含 Windows 基本操作和程序管理、Word 文档的基本操作和排版等在内的共 9 个实验，较好地覆盖了大学信息技术基础课程教学要求的知识内容，有效地促进了理论与实践的结合；训练篇精选了包含计算机基础知识、Windows 7 操作系统知识、Word 文字处理软件、Excel 电子表格软件、PowerPoint 演示文稿软件和计算机网络与安全在内的训练题近 1200 题，题量大，覆盖面广，能训练学生快速地掌握教材中的各个知识点，帮助学生更好地理解各部分内容；测试篇精选了 5 套综合测试题，每套试题含理论测试和上机操作两部分，能综合测试学生掌握的计算机基本知识和技能水平；模拟篇介绍了最新全国计算机等级考试一级考试（Windows 7+Office 2010 版）软件的使用方法，并提供了两套等级考试模拟试题。

　　本书体系完整，内容先进，注重应用，强调实践，提供了丰富的习题和详实的解答。本书可作为高等学校大学信息技术基础有关课程的实验教材，也可作为参与各类计算机考试的社会读者的自学辅导用书。

　　限于我们的学识和水平，加上编写时间仓促，错误在所难免，恳请使用该书的广大师生赐教指正。

编　者

2014 年 4 月

目　　录

第一篇　实验篇

实验一　Windows 基本操作和程序管理

一、实验目的

（1）掌握 Windows 的基本知识和基本操作。

（2）掌握 Windows 的程序管理。

二、实验内容与要求

1. 练习鼠标和窗口的基本操作

（1）将鼠标的指针指向桌面上的"计算机"图标，双击，打开其窗口；单击标题栏"最大化"按钮，观察窗口大小的变化，再单击"还原"按钮。

注意：本教材中，双击、单击均指双击或单击鼠标的左键；需要操作右键时，将特别指明。

（2）将鼠标指针指向窗口上（下）边框，当鼠标指针变为垂直的单线双向箭头形状时，适当拖动鼠标，改变窗口的高度；将鼠标指针指向窗口左（右）边框，当鼠标指针变为水平的单线双向箭头形状时，适当拖动鼠标，改变窗口宽度；将鼠标指针指向窗口的任意一角，当鼠标指针变为双向箭头时，拖动鼠标，适当调整窗口沿对角线的大小。

（3）将鼠标指针指向窗口的标题栏时，拖动"标题栏"，移动整个窗口的位置，使该窗口位于屏幕的中心。

（4）单击"关闭"按钮，关闭窗口。

（5）将鼠标指针指向桌面上的"回收站"图标，重复以上（1）～（4）的练习。

2. 练习快捷菜单的调出和使用、练习桌面图标的排列

（1）用鼠标右键单击桌面空白处，将弹出桌面快捷方式的菜单，将鼠标指针指向快捷菜单中的"查看"命令，从其下层菜单中观察"自动排列图标"是否在起作用（即观察该命令前是否有"√"符号标记）；若没有，则单击使之起作用。

（2）将桌面上的某一图标拖动到另一位置后，松开鼠标按键，观察"自动排列图标"

如何起作用。

（3）鼠标右键单击桌面，再次弹出桌面快捷菜单，选择"排序方式"下的"名称"命令，观察桌面上图标排列情况的变化；再分别选择"排序方式"下的"大小"、"项目类型"、"修改日期"命令，观察桌面图标排列的情况。

（4）取消桌面的"自动排列图标"方式。

【提示】鼠标右键单击桌面空白处，调出桌面快捷菜单，选择"查看"下的"自动排列图标"命令，使该命令前的"√"消失。

（5）移动各图标，按自己的意愿设置桌面，例如把"回收站"图标放在桌面右下角。

3．在"资源管理器"窗口中练习打开菜单及从菜单中选择命令的方法

（1）用鼠标右键单击"开始"菜单图标，从弹出的快捷菜单中选择"打开 Windows 资源管理器"，打开其窗口。

（2）用鼠标左键单击"查看（V）"菜单，将鼠标下移指向下拉菜单的"大图标（G）"命令，单击左键，观察右窗口中内容显示方式的变化。

（3）参照练习（2），分别选择"查看"菜单中的其他浏览方式，观察比较右侧窗口中内容的不同显示方式。

4．练习用 Windows "热键"方法操作菜单和命令

（1）在"资源管理器"窗口，按"Alt＋V"组合键，打开"查看（V）"菜单，然后按"M"键（即选择"中等图标"命令），观察执行结果。

（2）按"Alt＋F"组合键，打开"文件（F）"菜单，再按"C"键（即选"关闭"命令），关闭"资源管理器"窗口。

5．练习操作"控制菜单"按钮和使用"控制菜单"

（1）双击"计算机"图标，打开窗口。

（2）单击"控制菜单"按钮（窗口标题栏左端图标），从弹出的控制菜单中选择"移动"命令，再使用方向键，移动窗口到合适位置，按回车键来确定窗口新位置。

（3）单击"控制菜单"按钮，从控制菜单中选择"关闭"命令，关闭窗口。

（4）再次双击"计算机"图标打开窗口，单击"控制菜单"按钮，从弹出的控制菜单中选择"大小"命令，使用方向键，适当调整窗口大小，按回车键来确定窗口的大小。

（5）双击"控制菜单"按钮，直接关闭该窗口。

6．使用任务栏和设置任务栏

（1）分别双击"计算机"和"回收站"图标，打开这两个窗口。

（2）分别选择任务栏快捷菜单中的"层叠窗口"、"堆叠显示窗口"、"并排显示窗口"命令，观察已打开的两个窗口的不同排列方式。

【提示】鼠标右键单击任务栏的空白处，可显示任务栏的快捷菜单。

（3）从任务栏快捷菜单中选择"属性"命令，出现"任务栏和「开始」菜单属性"对话框，在"任务栏"选项卡中设置或取消"自动隐藏任务栏"，观察任务栏存在的方式有何变化，查看该对话框中其他选项的设置效果。

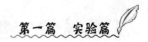

7. 练习从系统中获取帮助信息

（1）单击"开始"按钮，从弹出的开始菜单中选择"帮助和支持"项。

（2）在出现的"Windows 帮助和支持"窗口中"搜索帮助"文本框内输入需要系统提供帮助信息的内容，如"创建快捷方式"；然后单击"搜索帮助"按钮，可得到帮助信息。用同样的方法，查找关于"移动任务栏"、"打印文档"等概念的帮助信息。

8. 程序的启动与运行

（1）利用"开始"菜单启动"记事本"程序。

【提示】单击"开始"按钮，指向"所有程序"，指向"附件"，再指向"记事本"，单击鼠标左键。

（2）利用"运行"对话框，启动"画图"程序。

【提示】单击"开始"按钮，指向"运行…"，单击鼠标左键打开"运行"对话框，也可以按"窗口键+R"组合键打开"运行"对话框；在"运行"对话框的"打开"文本框中输入"mspaint"，或利用"运行"对话框中的"浏览"按钮，在 C 盘的 Windows 目录下选中 mspaint.exe 文件，单击"打开"按钮，再单击"确定"按钮，启动"画图"程序。

9. 程序的切换

（1）利用任务栏活动任务区的对应按钮，在前面启动的"记事本"和"画图"两个程序之间切换。

（2）利用"Alt + Tab"组合键，在"记事本"和"画图"两个程序之间切换。

10. 程序的关闭

尝试利用以下【提示】中的不同方法，分别关闭"记事本"和"画图"程序。

【提示】关闭程序可使用以下任何一种方法。

（1）单击"控制菜单"按钮，从控制菜单中选择"关闭"命令。

（2）双击"控制菜单"按钮。

（3）单击程序窗口的"关闭"按钮。

（4）选择"文件|退出"命令。

（5）按"Alt + F4"组合键。

11. 创建程序的快捷方式

（1）在桌面上创建程序"C:\Windows\system32\Calc.exe"的快捷方式，并命名为"计算器"。

【提示】

① 在桌面的空白处，单击鼠标右键，从快捷菜单中选择"新建|快捷方式"命令；

② 在"创建快捷方式"对话框的文本框中输入"C:\%Windir%\system32\Calc.exe"（或单击该对话框中的"浏览"按钮，在 C 盘的 Windows 目录下找到 Calc.exe 程序，选定并打开），单击"下一步"按钮；

③ 在"输入该快捷方式的名称"下的文本框中输入"计算器"，单击"完成"按钮。

（2）自定义「开始」菜单。

【提示】

① 在任务栏的空白处，单击鼠标右键，从弹出的快捷菜单中选择"属性"命令；

② 选择"「开始」菜单"选项卡；

③ 单击"自定义"按钮，将弹出"自定义「开始」菜单"对话框，在该对话框中可自行定义"开始"菜单的菜单项。

（3）在某一个文件夹中，建立程序"C:\Windows\system32\mspaint"的快捷方式，并命名为"画图"。

【提示】

① 打开这个文件夹，在空白处单击鼠标右键，从快捷菜单中选择"新建"|"快捷方式"；

② 后续步骤与桌面上创建程序快捷方式的方法相同。

实验二　文件、文件夹的管理和控制面板的使用

一、实验目的

（1）掌握"计算机"窗口的常用操作。

（2）掌握文件和文件夹的常用操作。

（3）掌握控制面板的使用。

（4）了解磁盘碎片整理程序等实用程序的使用。

二、实验内容与要求

1. 新建文件夹

（1）新建文件夹：在开放硬盘上，创建学生文件夹（一般公用机房的学生文件夹由任课老师指定位置和文件夹名，本练习中设学生文件夹建立在 D 盘，命名为 Student1）。

【提示】打开"计算机"窗口，在窗口中双击 D 盘图标或标识，在窗口的空白处单击鼠标右键，从弹出的快捷菜单中选择"新建"|"文件夹"命令；将"新建文件夹"更名为"Student1"。

（2）新建子文件夹：在学生文件夹 Student1 下建立两个子文件夹 user1 和 user2，并在 user2 文件夹下再建立一个子文件夹 amd。

2. 复制和重命名文件夹

（1）复制文件夹：将 amd 文件夹复制到 user1 文件夹中。

【提示】在 user2 文件夹下的 amd 文件夹图标上单击鼠标右键，在弹出的快捷菜单中选择"复制"命令，然后打开 user1 文件夹，在窗口的空白处单击鼠标右键，在弹出的快捷菜单中选择"粘贴"命令即可完成文件夹的复制操作。

此外，还可以通过拖动文件夹 amd 图标的方式或通过键盘组合键"Ctrl+C"（复制）和

"Ctrl+V"（粘贴）完成文件夹的复制操作。

（2）重命名文件夹：将 user1 文件夹中的子文件夹 amd 的名字改为 Intel。

【提示】在文件夹 amd 上单击鼠标右键，从弹出的快捷菜单中选择"重命名"命令，输入新名字 Intel 后按回车键。

3．复制和重命名文件

（1）文件复制：将 C:\Windows 文件夹中的文件 notepad.exe 复制到新建文件夹 user2 中；再将 C:\Windows 文件夹中的文件 regedit.exe 复制到 user1 中。

【提示】

方法 1：打开目录文件夹 user2 所在的窗口，然后用鼠标将 C:\Windows 文件夹中的文件 notepad.exe 直接拖动 user2 文件夹中即可完成复制操作。

方法 2：参考文件夹的复制方法。

用以上方法再完成 regedit.exe 文件的复制。

（2）重命名文件夹：参考文件夹的重命名方法。在需要重命名的文件图标上单击鼠标右键，从弹出的快捷菜单中选择"重命名"命令，输入新的文件名并按回车键确认即可。

4．删除和移动文件或文件夹

（1）删除文件或文件夹：若要删除某个文件夹中的某一个或多个文件，可以选择待删除的一个或多个文件，并在已选定的文件上单击鼠标右键，在弹出的快捷菜单中选择"删除"命令，当弹出是否要将选定的文件放入回收站的消息提示时，单击"是"按钮即可完成删除操作。

删除文件还可以使用键盘上的"Delete"键完成删除操作，也可以使用键盘上的"Shift"键配合执行删除操作，使被删除的文件不进入回收站，执行彻底删除操作。

文件夹的删除操作与文件删除操作相同，此操作请读者自行完成。

（2）移动文件或文件夹。

【提示】在待移动的文件或文件夹图标上单击鼠标右键，在弹出的快捷菜单中选择"剪切"命令，然后打开目标文件夹，在窗口的空白处单击鼠标右键，在弹出的快捷菜单中选择"粘贴"命令即可完成文件或文件夹的移动操作。

此外，若在一个磁盘（如 D 盘）内部移动文件或文件夹，可以通过直接拖动文件或文件夹图标到目标文件夹以完成移动操作；也可以在选定文件或文件夹后，通过键盘组合键"Ctrl+X"（剪切）和"Ctrl+V"（粘贴）完成文件或文件夹的移动操作，请读者自行完成该操作。

5．其他操作

（1）设置文件或文件夹的属性：要设置文件或文件夹的只读或隐藏属性，应先选定该文件或文件夹，然后在选定的文件或文件夹图标上单击鼠标右键，从其快捷菜单中选择"属性"命令，在打开的属性对话框中可设置文件或文件夹为"只读"或"隐藏"等属性。

（2）显示或隐藏文件扩展名：选择文件夹窗口中的"工具"|"文件夹选项"菜单命令，在打开的"文件夹选项"对话框中再选择"查看"选项卡，在其"高级设置："中选中"隐藏已知文件类型的扩展名"选项，观察资源管理器窗口中的文件名的显示方式；

同样，在取消"隐藏已知文件类型的扩展名"选项后，再观察资源管理器中文件名的显示方式。

（3）显示或隐藏具有隐藏属性的文件夹：选择"工具"|"文件夹选项"菜单命令，在打开的"文件夹选项"对话框中再选"查看"选项卡，在其"高级设置："中选择"不显示隐藏文件、文件夹或驱动器"选项，观察文件夹下的文件或文件夹的显示情况；同样，再选择"显示隐藏的文件、文件夹或驱动器"选项，观察文件夹下文件或文件夹的显示情况。

（4）搜索文件或文件夹。

打开需要搜索的目标文件夹窗口，在窗口右上角搜索栏的文本框中输入搜索的对象，系统将执行即时搜索操作，并将搜索结果显示在该文件窗口中。

6．控制面板的使用

（1）打开控制面板。

【提示】选择"开始"菜单中的"控制面板"选项，将打开"控制面板"窗口。

（2）了解控制面板中的一些常用项目。

① 打开"日期和时间"选项，学会设置日期和时间；

② 打开"键盘"选项，了解其各选项卡中各设置项的含义；

③ 打开"鼠标"选项，了解其各选项卡中各设置项的含义；

④ 打开"打印机"选项，了解打印机属性的设置。

7．磁盘维护工具的使用

若要对 C 盘进行碎片整理操作，可以直接选择磁盘扫描程序对 C 盘进行扫描，检测其可能存在的物理或逻辑错误。

【提示】选择"开始"|"所有程序"|"附件"|"系统工具"|"磁盘碎片整理程序"命令，在"磁盘碎片整理程序"窗口中选择 C 盘，然后单击"分析磁盘"按钮以分析磁盘使用情况，若分析后需对磁盘进行整理，单击"磁盘碎片整理"按钮，将对选定的硬盘进行碎片整理操作，完成后关闭窗口。

实验三　Word 文档的基本操作和排版

一、实验目的

（1）熟练掌握文件的建立和保存操作。

（2）熟练掌握文本的查找与替换操作。

（3）熟练掌握文本的选定、剪切、复制和粘贴操作。

（4）熟练掌握对文档中字符格式、段落格式和页面格式的设置操作。

二、实验内容与要求

（1）创建一个空白文档，并录入如图 3-1 所示文本内容。

（2）设置主标题：将标题字体设置为“黑体”，字形设置为“常规”，字号设置为“小初”，文本效果为“填充 白色 投影”且居中显示，蓝色，字符间距加宽 1 磅；段前 0.5 行、段后 0.5 行。

静静呵护一朵花开

高考优秀作文

安东尼在他的绘本中说：“我们讨厌一朵花时，把她摘下来，喜欢一朵花时，也把她摘下来。”这寥寥数语，竟引人在宁静遐思中悄然顿悟。

我们是否在不经意间惊扰了那份我们眼中最为珍视的美？

不去打扰的欣赏才是真正出於心底的珍视，不为了嗅一朵花的香而去采撷整朵蓓蕾的芬芳，不为了欣赏蝴蝶美的姿态而去喧扰那一份静谧与安然，这才是真正欣赏者的姿态：安静，不出声，不触碰，伫足於局外，只愿用远远的目光爱抚，甚至只是在心底悄然遐想。

张晓风曾在散文中记载过：路过一位友人家，拜访闲聊之余却瞥见一株静默於房屋一隅的昙花，她默然倔强地抖开一身铁树般浓郁厚重的绿色。问起友人才知道这是一株漂洋过海而来的品种，倔强地遵守着出生地的时差，只肯在白天绽放，无论友人用尽何种方法，她始终不肯再绽开那璞玉般洁白通透的花蕾。张晓风在敬重这株倔强花朵的同时却又深深惋惜她的命运。无论是多少呵护与栽培，多少盛赞她绽放容颜端庄清丽的溢美之词，都无法滋润她那离开初生土壤的倔强根系，都无法使她再绽放最原始最本初的美丽。

让美丽回到她最初的环境中去，去肆意盛开属於她的光彩，别让你的欣赏，影响了她的绽放。

闲暇时读书，最爱川端康成那一句：“凌晨四点，看海棠花未眠。”那是怎样一种温柔而虔诚的心态啊。一位老人，借着微熹晨光，披衣而坐，默默於窗扉间凝神细窥睡眠中的花朵，毫不打扰，没有上前采撷，也未用一卷胶片记录花朵浅眠的模样。他愿牺牲自己的睡眠时间，来呵护那一方自然的美的盛开，这更是一种尊重，无言，却浸透在凌晨清浅的天光里，提醒我们，自然界中一花一草,一虫一鸟，皆是倔强而美好的生灵，怀着尊重与珍视，去欣赏，去“迁就”她们，才能领略到最自然，最美的感动。

蝴蝶在黑暗中的栖息是静谧的，莫用蜡烛的光去打扰她们。花朵的绽放是自然的、宁静的，莫用照相机的闪光惊扰她们。我多想告诉每一个脚步匆匆的看花人，轻一点，慢一点，远远看着就好，别让你的影子，挡住了哪一片花瓣的阳光。

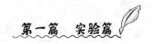

图 3-1 文本初始状态

（3）设置副标题：将“高考优秀作文”的字体设置为“楷体”，字号设置为“小三”，文字右对齐加双曲线边框，线型宽度应用系统默认值显示。

（4）设置正文：将正文各段落设置为首行缩进 2 字符，行距设置为 25 磅，两端对齐，字体设为宋体、五号字。

（5）设置特殊文字：设置第一段首字下沉，首字字体为黑体，下沉行数为 2 行，将正文文本中的所有“花”字的格式替换成字号为四号，字体为微软雅黑、加粗、红色。

（6）设置文档的页边距：上、下、左、右均为 2cm；页眉、页脚距页边距均为 1.5cm；纸张大小为 16k。

（7）设置分栏：将正文第 4 自然段分成两栏，有分隔线，栏宽相等，栏间距 2 字符。

（8）设置页眉页脚：插入页眉为“静静呵护一朵花开”，页脚为当前页码，字体均为楷体、五号、居中。最终效果如图 3-2 所示。

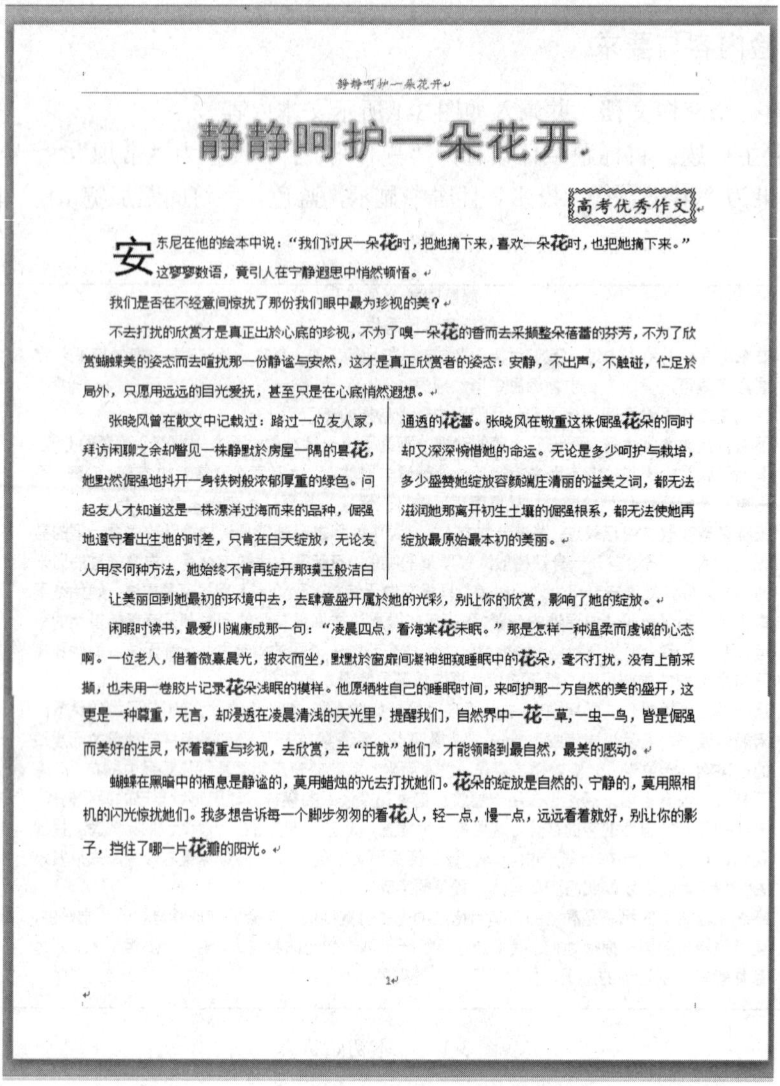

静静呵护一朵花开

静静呵护一朵花开

高考优秀作文

安东尼在他的绘本中说："我们讨厌一朵花时，把她摘下来，喜欢一朵花时，也把她摘下来。"这寥寥数语，竟引人在宁静遐思中悄然顿悟。

我们是否在不经意间惊扰了那份我们眼中最为珍视的美？

不去打扰的欣赏才是真正出於心底的珍视，不为了嗅一朵花的香而去采撷整朵蓓蕾的芬芳，不为了欣赏蝴蝶美的姿态而去喧扰那一份静谧与安然，这才是真正欣赏者的姿态：安静，不出声，不触碰，伫足於局外，只愿用远远的目光爱抚，甚至只是在心底悄然遐想。

张晓风曾在散文中记载过：路过一位友人家，拜访闲聊之余却瞥见一株静默於房屋一隅的昙花，她默然倔强地抖开一身铁树般浓郁厚重的绿色。问起友人才知道这是一株漂洋过海而来的品种，倔强地遵守着出生地的时差，只肯在白天绽放，无论友人用尽何种方法，她始终不肯再绽开那璞玉般洁白通透的花蕾。张晓风在敬重这株倔强花朵的同时却又深深惋惜她的命运。无论是多少呵护与栽培，多少盛赞她绽放容颜端庄清丽的溢美之词，都无法滋润她那离开初生土壤的倔强根系，都无法使她再绽放最原始最本初的美丽。

让美丽回到她最初的环境中去，去肆意盛开属於她的光彩，别让你的欣赏，影响了她的绽放。

闲暇时读书，最爱川端康成那一句："凌晨四点，看海棠花未眠。"那是怎样一种温柔而虔诚的心态啊。一位老人，借着微熹晨光，披衣而坐，默默於窗扉间凝神细窥睡眠中的花朵，毫不打扰，没有上前采撷，也未用一卷胶片记录花朵浅眠的模样。他愿牺牲自己的睡眠时间，来呵护那一方自然的美的盛开，这更是一种尊重，无言，却浸透在凌晨清浅的天光里，提醒我们，自然界中一花一草，一虫一鸟，皆是倔强而美好的生灵，怀着尊重与珍视，去欣赏，去"迁就"她们，才能领略到最自然，最美的感动。

蝴蝶在黑暗中的栖息是静谧的，莫用蜡烛的光去打扰她们。花朵的绽放是自然的、宁静的，莫用照相机的闪光惊扰她们。我多想告诉每一个脚步匆匆的看花人，轻一点，慢一点，远远看着就好，别让你的影子，挡住了哪一片花瓣的阳光。

1

图 3-2　文档最终效果图

（9）将此文档以文件名“实验三.docx”保存。

实验四　表格

一、实验目的

（1）熟练掌握表格的建立及内容的输入。

（2）熟练掌握表格的编辑。

（3）熟练掌握对表格的格式化。

（4）熟练掌握对表格单元格进行计算、表格排序。

（5）学会由表格生成图表。

二、实验内容与要求

（1）建立如图 4-1 所示的表格，并以"实验四.docx"为文件名保存。

销售统计表							
产品 \ 业务员	刘华楷		赵宝鹏		刘金珊		合计
	金额	百分比	金额	百分比	金额	百分比	
产品一							
产品二							
产品三							
产品四							
产品五							
产品六							
小计							

图 4-1　销售统计表格

① 在空白文档中，选择"插入"|"表格"|"插入表格"命令，插入一个 8 行 8 列的表格；

② 选中表格，选择"布局"选项卡"单元格大小"选项组中的命令，将"高度"调整为"0.8 厘米"；

③ 将表格中的第一行高度调整为"1.6 厘米"，将第一列调整为"3 厘米"；

④ 选中第一个单元格，选择"设计"选项卡"绘制边框|绘制表格"命令，在第一个单元格中绘制一条斜线，并输入相应的文本；

⑤ 选择"插入"|"表格"|"绘制表格"命令，在第 2～7 个单元格中绘制一条直线；

⑥ 选中第一行中的第 2、3 个单元格，选择"布局"|"合并"|"合并单元格"命令，再分别合并第 4、5 个单元格和第 6、7 个单元格；

⑦ 在表格中输入数据，并将光标移动到第一个单元格中，按回车键增加一空白行，并将高度调整为"1.6 厘米"；

⑧ 选中表格，选择"布局"|"对齐方式"|"水平居中"命令；

⑨ 选择"设计"|"表格样式"|"中等深浅网格 3-强调文字颜色 4"选项，在"表格样式选项"选项组中选中"汇总行"与"最后一列"复选框。

（2）录入数据并计算。

① 首先将插入点定位在"产品一"单元格对应的"合计"的单元格，选择"布局"|

"数据" | "公式" 命令，在 "公式" 对话框中输入 "=SUM(B4,D4,F4)"；并利用上述方法，依次计算其他产品的合计金额；

② 选中 "刘华楷" 单元格下方的 "百分比" 对应单元格，选择 "布局" | "数据" | "公式" 命令，在 "公式" 对话框中输入 "=B4/H4"，求出个人产品销售百分比，求每个产品不同员工的销售百分比，必须重复上述操作；

③ 在最后一行的相应单元格，输入公式，完成不同员工所有产品销售总额统计。

最终效果如图 4-2 所示。

销售统计表

产品＼业务员	刘华楷		赵宝鹏		刘金珊		合计
	金额	百分比	金额	百分比	金额	百分比	
产品一	29000	0.38	23000	0.30	25100	0.33	77100
产品二	43200	0.32	51000	0.38	39510	0.30	133710
产品三	65120	0.36	49570	0.27	65830	0.36	180520
产品四	36940	0.29	46840	0.37	43780	0.34	127560
产品五	64710	0.38	49830	0.29	54970	0.32	169510
产品六	19540	0.26	20570	0.28	33690	0.46	73800
小计	258510		240810		262880		

图 4-2　统计结果效果图

实验五　Word 综合应用

一、实验目的

综合应用 Word 2010 强大的桌面排版功能进行实际文档的处理。

二、实验内容与要求

要求：在 Word 2010 中录入朱自清的《荷塘月色》这篇文章，并对该文章进行图文混排操作。

（1）录入文章内容。

① 将正文格式设置为字体 "华文楷体"、字号 "小五"；

② 将页面格式设置为：纸型为 "自定义大小"，宽度 183mm，高度 150mm；上、下、左、右页边距均为 15mm；页眉、页脚距边界均为 10mm。

（2）制作标题。

① 打开"插入"|"插图"|"形状"下的三角按钮，选择"流程图：资料带"选项，在文档标题部分绘制形状；

② 在"格式"选项卡中的"形状样式"选项组中，设置形状的"填充颜色"、"边框颜色"与"形状效果"选项；

③ 选择"格式"|"阴影效果"命令，设置阴影样式；

④ 鼠标右击形状，在弹出的快捷菜单中选择"添加文字"命令，输入标题文字，字体格式为"小二"、"加粗"，颜色为"白色"，并将字体缩放设置为150%。

（3）插入图片。

① 在网上搜索与文章内容相关的图片，并保存在指定位置；

② 在文章中选择需要添加图片的位置，执行"插入"|"插图"|"图片"命令，打开"插入图片"对话框，选择指定的图片文件后单击"插入"按钮；

③ 选中图片，在"图片样式"选项组中，将图片样式设置为"复杂框架，黑色"，在"排列"选项组中，将"文字环绕"设置为"四周型环绕"。

（4）为文档添加水印效果。

① 选择"页面布局"|"页面背景"|"水印"命令，执行"自定义水印"命令，打开"水印"对话框。

② 在"水印"对话框中选中"图片水印"单选按钮，选择要设置为水印的图片并设置"缩放"比例，单击应用即可。

（5）插入页眉和页脚。

（6）将此文档以文件名"实验五.docx"保存。

文档的最终效果图如图5-1（a），图5-1（b）所示。

图5-1（a）

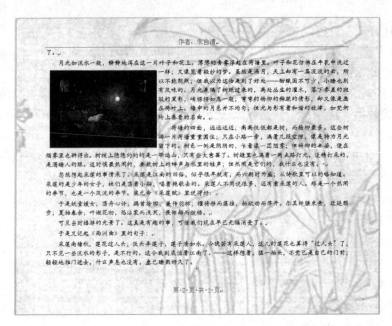

图 5-1（b）

实验六　工作表的基本操作和格式化

一、实验目的

（1）掌握 Excel 工作簿的建立、保存与打开。

（2）掌握工作表中数据的输入和编辑操作。

（3）掌握公式和函数的使用。

（4）掌握工作表的插入、复制、移动、删除和重命名。

（5）掌握工作表数据的自定义格式。

二、实验内容与要求

1.　制作学生成绩表

在自己携带的移动存储器中新建一个以包含自己班级、姓名、学号和"excel 作业 6.1"为文件名的工作簿文件，参考图 6-1 所示样张，进行下列操作。

（1）将第一个工作表命名为"学生成绩表"，在 A1 单元格中输入"学生成绩表"标题，并将其设为"宋体"和 24 号大小，并设置"跨列居中"效果。

【提示】工作表命名为"学生成绩表"：用鼠标双击第一个工作表标签（或用鼠标右击第一工作表标签，选择其快捷菜单中的"重命名"命令），输入"学生成绩表"；"跨列居中"效果设置：先选中 A1 单元格，用鼠标右击，选择快捷菜单中的"设置单元格格式"命令，

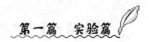

在弹出的对话框中打开“对齐”选项卡，在“水平对齐”下拉列表框中选“跨列居中”项。

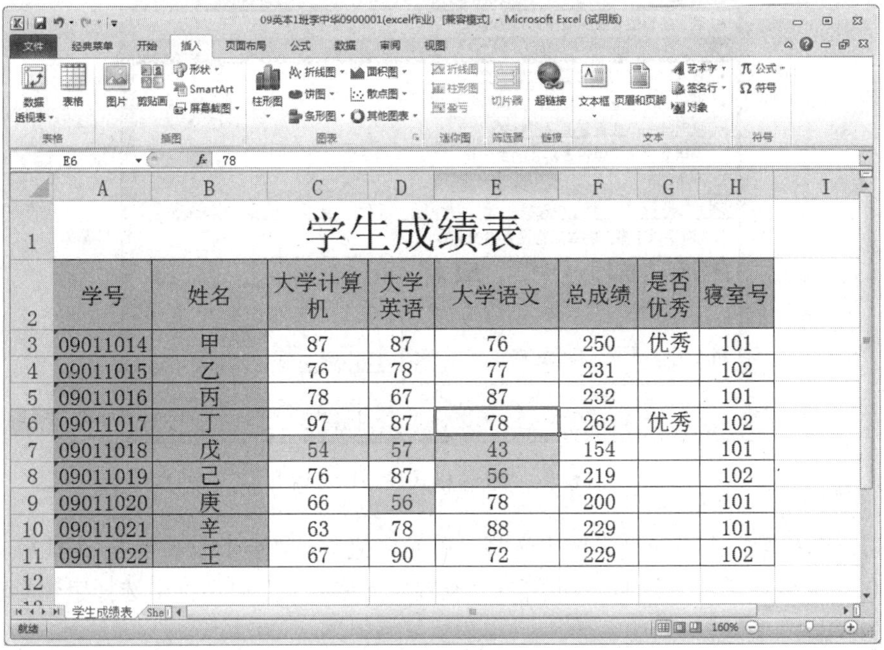

学生成绩表

学号	姓名	大学计算机	大学英语	大学语文	总成绩	是否优秀	寝室号
09011014	甲	87	87	76	250	优秀	101
09011015	乙	76	78	77	231		102
09011016	丙	78	67	87	232		101
09011017	丁	97	87	78	262	优秀	102
09011018	戊	54	57	43	154		101
09011019	己	76	87	56	219		102
09011020	庚	66	56	78	200		101
09011021	辛	63	78	88	229		101
09011022	壬	67	90	72	229		102

图 6-1　实验七作业样张

（2）利用填充柄快速输入所有学号和姓名，利用公式和函数计算“总成绩”和“是否优秀”的结果，总成绩等于三门课程成绩之和，并且总成绩大于等于 240 分的成绩为优秀，其他数据逐一输入，并设置单元格的中部居中格式。

【提示】填充柄快速输入所有学号：先在 A3 单元格中输入学号“'05011014”，注意一定要在学号前输入英文标点符号单引号，同样在 A4 单元格中输入“'05011015”，然后同时选定 A3 和 A4 单元格，再拖动填充柄至 A11 中；快速输入姓名“甲、乙、丙……”，因为“甲、乙、丙……”是 Excel 中系统定义的序列，所以我们可以在 B3 单元格中输入“甲”，然后选中 B3 单元格，拖动填充柄至 B11 即可；用公式计算总成绩：先在 F3 单元格中输入公式“=C3+D3+E3”或“=SUM(C3:E3)”，然后将 F3 单元格中的公式复制到 F4:F11 单元格区域中，复制时可以选中 F3 单元格，拖动填充柄至 F11，也可以用“复制”和“粘贴”方法，或用“复制”和“选择性粘贴”命令，在选择性粘贴对话框中选“公式”的方法；同样，在“是否优秀”栏中 G3 单元格输入函数“=IF(F3>=240,"优秀","")”，其他单元格用上述方法复制函数；设置单元格的中部居中格式：先选中 A2:H11 区域，鼠标右击，执行快捷菜单中的“设置单元格格式”命令，在弹出的对话框中打开“对齐”选项卡，在“水平对齐”下拉列表框中选“居中”，在“垂直对齐”下拉列表框中选“居中”即可。

（3）使用条件格式将不及格的成绩用红色标出来。

【提示】选择 C3:E11 区域，在“开始”选项卡的“样式”组中单击“条件格式”按钮，在列表框中选择“突出显示单元格规则”中的“其他规则”项，出现“新建格式规则”对话框，如图 6-2 所示。

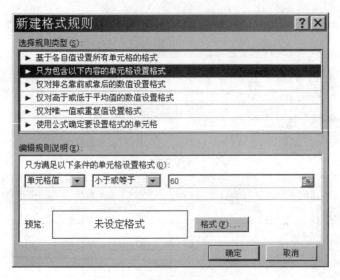

图 6-2 "新建格式规则"对话框

在第一个和第二个下拉列表框中选择"单元格值"和"小于或等于"，在其后文本框中输入"60"，单击"格式"按钮，在打开的"设置单元格格式"对话框中选择字体颜色为"红色"。

（4）给表格加边框和底纹。

【提示】给表格加边框：先选中 A2:H11 单元格区域，在该区域单击鼠标右键弹出快捷菜单，再选择快捷菜单中的"设置单元格格式"命令，在打开的"设置单元格格式"对话框中选择"边框"选项卡，如图 6-3 所示。

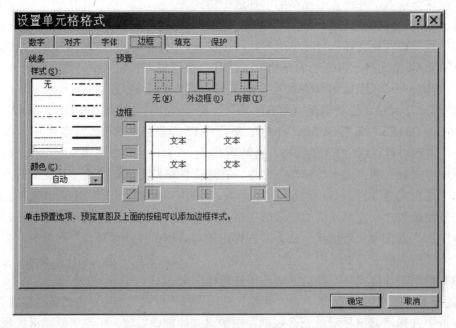

图 6-3 "设置单元格格式"对话框

选好线的颜色和样式，依次单击"外边框"和"内部"边框按钮，则可以给表格添加边框；给表格加底纹：先选中 A2:H2 区域，同样，在打开的"设置单元格格式"对话框中选择"填充"选项卡，选择"浅黄色"，同时选择 12.5%的灰色底纹，单击"确定"按钮即可，其他区域的底纹设置方法类似。

（5）按要求保存文件，并将该文件以邮件附件形式发送到老师指定邮箱。

2．制作全年软件销售统计表

对表格按下列要求及参照样张操作，以包含自己班级、姓名、学号和"excel 作业 6.2"为文件名保存工作簿文件。请完成如下操作。

（1）按样张，如图 6-4 所示，设置表格标题，为隶书、28 磅、粗体，合并 A1:G1 区域，并使标题居中，并设置表格的边框线和数值显示格式。

（2）隐藏"杭州"行，计算合计、销售总额、毛利＝（销售总额×利润率）（注意：必须用公式对表格中的数据进行运算和统计）。

虚构公司全年软件销售统计表						
					利润率	0.75
	季度一(万元)	季度二(万元)	季度三(万元)	季度四(万元)	销售总额(万元)	毛利(万元)
南京	1500	1500	3000	4000	10000	7500.00
北京	1500	1800	2550	4900	10750	8062.50
上海	1200	1800	1800	4400	9200	6900.00
杭州	1300	2421	2700	2520	8941	6705.75
天津	2100	2390	3210	1800	9500	7125.00
合计	7600	9911	13260	17620		

图 6-4　样张

实验七　数据图表化和数据管理

一、实验目的

（1）掌握嵌入图表和独立图表的创建。

（2）掌握图表的整体编辑和对图表中各对象的编辑。

（3）掌握图表的格式化。

（4）掌握数据列表的排序、筛选。

（5）掌握数据的分类汇总。

二、实验内容与要求

1．对学生成绩表图表化及数据管理

（1）建立图表，要求基于实验七的学生成绩表，建立一个图表，用来比较甲、乙、壬 3 个同学的各门课程成绩。

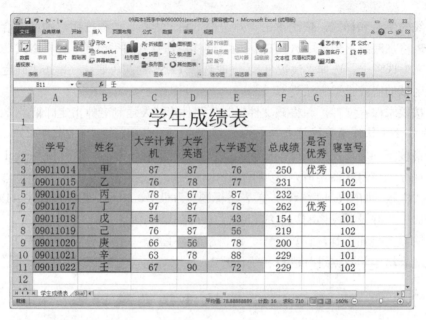

图 7-1　学生成绩表

【提示】如图 7-1 所示，按要求要选择列标题和 3 个同学相应的字段值，所以要选择 B2:E4 区域和 B11:E11 区域，注意选择不连续的区域要按住 Ctrl 键，然后单击"插入"选项卡中"图表"组的"柱形图"按钮，在下拉列表中选择一种图表类型即可，完成图表建立，如图 7-2 所示。

（2）图表的编辑，要求将图片改变大小、移到 C13:F20 区域，同时给图标加上标题"学生课程成绩"，同时增加"丙"数据序列，在分类轴上添加标题"课程"，如图 7-3 所示。

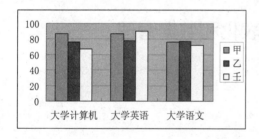

图 7-2　图表

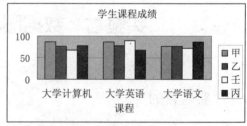

图 7-3　编辑后的课程成绩图表

【提示】增加"丙"数据序列：可以在原数据表中选择 B5:E5 数据区域，然后拖动选择区域中的边框到图表上即可。编辑图表中的各个对象，可以选中图表，选择"布局"选项卡"标签"组，单击相应的按钮进行设置，如添加"学生课程成绩"标题，则可选"图表标题"按钮，然后选择"图表上方"项，此时产生一个标题，在其中输入"学生课程成绩"即可。

（3）图表的格式化，将标题设置成"幼圆、加粗、16 磅"格式，在"丙"序列上显示数据标记，在图例左边居中的位置，去掉绘图区的图案。

【提示】对图表进行格式设置，可以选中图表中相应的对象，用鼠标右击，打开快捷菜单，执行各个对象的格式命令，打开对话框后进行相应的设置。结果如图 7-4 所示。

（4）数据管理，将上述"学生成绩表"复制成 3 个工作表副本"学生成绩表_排序"、"学生成绩表_筛选"、"学生成绩表_分类汇总"，分别在 3 个工作表中完成以下操作。

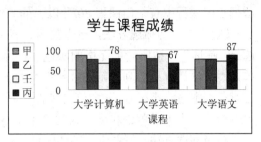

图 7-4 格式化后的图表

① 排序，要求根据总成绩排名次，如果总成绩相同，按学号升序排序，然后增加"名次"列标题，并输入具体名次。

【提示】单击数据清单中的任一单元格表示选中该数据清单，然后鼠标右击，在弹出的快捷菜单中选择"排序"|"自定义排序"命令，会出现"排序"对话框，按图 7-5 所示进行设置，单击"确定"按钮即可完成排序，然后增加"名次"列标题，并在该列输入等差数列"1、2、3…"，同时，把总成绩相同的名次改成相同，如图 7-6 所示。

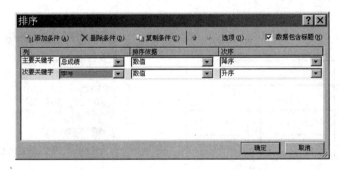

图 7-5 "排序"对话框

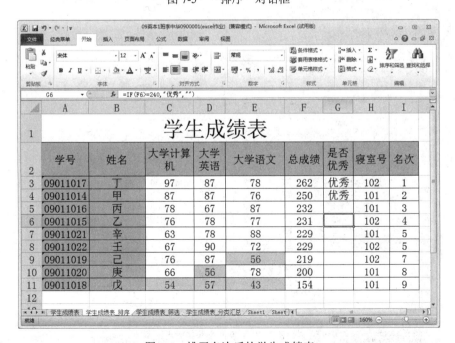

图 7-6 排了名次后的学生成绩表

② 筛选，要求用自动筛选方法，把三门课程都不及格的同学筛选出来；用高级筛选方法把三门课程中有一门课程 80 分以上的同学筛选出来。

【提示】自动筛选方法，单击数据列表中的任一单元格，鼠标右击弹出快捷菜单，从中选择"筛选"|"按所选单元格的颜色进行筛选"子项之后会使工作表进入到自动筛选状态，单击"大学计算机"列的筛选箭头，从打开的下拉列表中选取"数字筛选"中的"小于"，在对话框中设定小于 60 分的筛选条件，单击"确定"按钮，然后按上述方法，在筛选结果中继续筛选出大学英语和大学语文都不及格的同学。

高级筛选方法，首先建立条件区域，具体操作方法是：先把标题栏中"大学英语"、"大学语文"及"大学计算机" 3 个字段标题复制到某一空白区域中，如：D15:F18。然后在该区域中输入条件内容，如图 7-7 所示。然后选择"数据"选项卡中"排序和筛选"组中"高级"命令，打开"高级筛选"对话框，在"数据区域"文本框中键入数据区域范围 A2:I11（或者选择该区域），在"条件区域"文本框中键入条件区域范围 D15:F18（或者选择条件区域），如图 7-8 所示。

大学计算机	大学英语	大学语文
>=80		
	>=80	
		>=80

图 7-7 条件区域

图 7-8 高级筛选对话框

结果如图 7-9 所示。

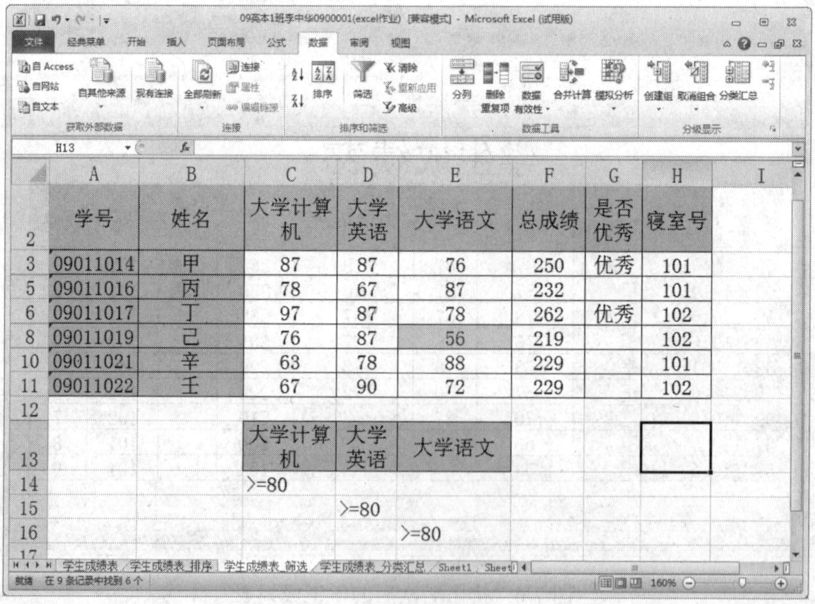

图 7-9 高级筛选后的结果

③ 分类汇总，要求统计各寝室总成绩的平均分。

【提示】选定数据清单，先对成绩表按"寝室号"进行排序（递增或递减），选择"数据"选项卡中"分级显示"组中的"分类汇总"命令，打开对话框，在对话框中按如图 7-10 所示进行设置。

图 7-10 "分类汇总"对话框

分类字段选"寝室号"，汇总方式选"平均值"，选定汇总项"总成绩"，单击"确定"按钮，结果如图 7-11 所示。

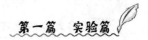

图 7-11 "分类汇总"的汇总结果

从汇总结果可知道 101 和 102 寝室中总成绩的平均分，从而可以比较两个寝室的考试情况。将该文件以包含自己班级、姓名、学号和"excel 作业 7.1"为文件名存盘。

2. 职工工资分析

对表格按下列要求及参照样张操作，将结果以包含自己班级、姓名、学号和"excel 作业 7.2"为文件名存盘。

（1）按样张，计算工资合计（基本工资+奖金）、基本工资平均值、奖金平均值、工资合计平均值和人数（必须用公式对表格进行计算）。

（2）按样张，统计每个职工的收入状况，统计规则如下：工资合计>2000，则为"高"；1280<工资合计<=2000，则为"中"，否则为"低"（注意：必须用公式对表格中的数据进行运算和统计）。

（3）按样张，如图 7-12 所示，在 B26 开始的单元格中生成数据透视表，按职称、性别统计基本工资（平均值）和奖金（求和）。

	A	B	C	D	E	F	G	H
1	工资一览表							
2	部门	姓名	性别	职称	基本工资(元)	奖金（元)	工资合计	收入状况
3	A公司	金华明	女	工程师	1300	230	1530	中
4	F公司	龚大森	男	技术员	950	340	1290	中
5	A公司	文西亚	女	技术员	900	350	1250	低
6	A公司	裘卫国	男	工程师	1400	260	1660	中
7	A公司	葛开怀	女	高工	1850	265	2115	高
8	A公司	江发奋	男	技术员	950	310	1260	低
9	D公司	朱达境	男	工程师	1380	245	1625	中
10	A公司	方喜际	男	高工	1800	325	2125	高
11	F公司	何蓝构	女	高工	1950	234	2184	高
12	F公司	贺一工	男	工程师	1200	456	1656	中
13	B公司	石乐山	男	技术员	780	123	903	低
14	C公司	张文化	男	高工	1900	400	2300	高
15	B公司	吴葵花	女	工程师	1400	250	1650	中
16	F公司	艾民生	男	技术员	980	245	1225	低
17	B公司	哈立科	男	高工	1790	610	2400	高
18	B公司	杨青天	男	工程师	1320	356	1676	中
19	B公司	田英英	男	工程师	1380	278	1658	中
20	C公司	秦开标	男	高工	1800	420	2220	高
21	C公司	李发达	女	技术员	1050	210	1260	低
22	C公司	王百水	男	工程师	1500	356	1856	中
23	平均				1379.00	313.15	1692.15	
24	人数	20						
25								
26				性别				
27		职称	数据	男	女			
28		高工	平均基本工资(元)	1823	1900			
29			求和奖金(元)	1755	499			
30		工程师	平均基本工资(元)	1360	1360			
31			求和奖金(元)	1673	758			
32		技术员	平均基本工资(元)	915	975			
33			求和奖金(元)	1018	560			

图 7-12　样张

实验八　演示文稿的制作

一、实验目的

（1）掌握 PowerPoint 的启动。

（2）掌握演示文稿建立的基本过程。

（3）掌握演示文稿格式化和美化的方法。

（4）掌握幻灯片的动画技术。

（5）掌握幻灯片的超链接技术。

（6）掌握放映演示文稿的方法。

二、实验内容与要求

1. 建立演示文稿

（1）采用"文件"|"新建"|"主题"|"波形"模板，建立具有 4 张幻灯片的演示文稿，将结果以 P1.pptx 文件保存在 D 盘上。

【提示】如果找不到该模板，也可以自选一个其他模板。

（2）第 1 张幻灯片采用"标题幻灯片"版式，在主标题框中输入文字"五言绝句欣赏"，在副标题框中输入文字"选自《唐诗三百首》"，效果如图 8-1 所示。

图 8-1 标题幻灯片

（3）通过"开始"|"新建幻灯片"命令建立第 2 张幻灯片，第 2 张幻灯片采用"标题和内容"版式，输入如下文字，效果如图 8-2 所示。

寻隐者不遇

松下问童子　　言师采药去　　只在此山中　　云深不知处

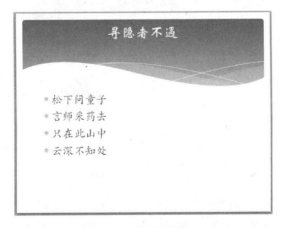

图 8-2 第二张幻灯片

（4）用上述相同方法建立第 3 张幻灯片，第 3 张幻灯片采用"标题与竖排文本"版式，输入如下文字，并采用"插入"|"剪贴画"插入剪贴画，可选择你所喜欢的图片或你的照片，调整位置大小，效果如图 8-3 所示。

题破山寺后禅院

清晨入古寺，初日照高林。曲径通幽处，禅房花木深。
山光悦鸟性，潭影空人心。万籁此俱寂，惟闻钟磬音。

图 8-3　第三张幻灯片

（5）复制第 3 张幻灯片到演示文稿末尾，形成第四张幻灯片，并做以下操作，效果如图 8-4 所示。

① 转换为剪贴画与文本版式。
② 在标题中增加文字"作者：常建"。
③ 将所有的文字均设置为隶书。

图 8-4　第四张幻灯片

2. 利用母版统一设置幻灯片的格式

对标题字体设置"黑体、50 磅、粗体"，在右下方插入学校校徽图片。

【提示】选择"视图"|"母版视图"|"幻灯片母版"命令，如图 8-5 所示。

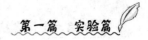

在母版视图中可对不同幻灯片的任何区域进行字体等设置，还可以将域的位置移动到幻灯片的任意位置。在右下方插入学校校徽图片，如果找不到该图片，也可以自选一个其他图片。"幻灯片母版"界面如图 8-6 所示。

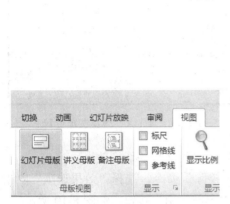

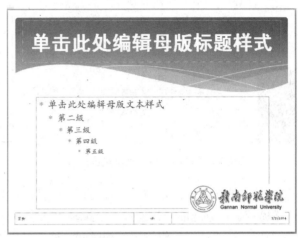

图 8-5　"视图"|"母版视图"|"幻灯片母版"　　　图 8-6　设置"幻灯片母版"格式

3. 幻灯片的动画技术

（1）将第 1 张幻灯片中的标题设置成从上部一个汉字一个汉字地缓慢移入的动画效果。副标题设置成"螺旋飞入"，伴随声音"激光"的动画效果。

【提示】在"幻灯片视图"中选中第 1 张，选中第一张幻灯片中的标题内容，选择"动画"选项卡中的"飞入"项，并在"动画"组右侧"效果选项"中选择"方向"为"自顶部"，如图 8-7 所示。接着单击"高级动画"组中的"动画窗格"项则在右侧出现任务窗格，如图 8-8 所示，用鼠标左键双击动画窗格任务 1，打开"飞入"对话框进入详细的飞入动画效果设置，如图 8-9 所示。

图 8-7　"飞入"动画设置

23

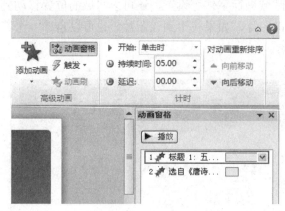

图 8-8　"动画窗格"动画设置　　　　　图 8-9　"飞入"效果选项设置

（2）设置每张幻灯片切换方式为自左侧擦除，持续时间 2 秒的切换效果。

【提示】任意选取一张幻灯片，选择"切换"|"擦除"命令，选择"效果选项"|"自左侧"项，在"计时"组设置持续时间，然后单击"全部应用"按钮，如图 8-10 所示。

图 8-10　"擦除"切换效果设置

（3）将演示文稿按所喜欢的动画进行设置，包括片内动画和片间动画。

4．演示文稿中的超链接

将 p1.pptx 中第 1 张幻灯片前插入一张幻灯片作首页，如图 8-11 所示。幻灯片有 4 个按钮，依次为：主题、第一首、第二首、第三首。利用超链接分别指向下面的 4 张幻灯片。在第 5 张幻灯片中添加一个文字为"返回"的动作按钮，单击它后能自动返回到第一张幻灯片。

【提示】通过"插入"|"新建幻灯片"命令，将新幻灯片插在第 2 张幻灯片处，然后将第 2 张新幻灯片移动到最前。通过"插入"|"剪贴画"命令，选择"小羊装饰的边框"设置按钮背景，选择剪贴画上"插入"|"形状"|"椭圆"项，单击鼠标右键菜单中的"编辑文字"命令写入"主题"，选中椭圆，单击"链接"组中的"超链接"按钮，在弹出的"插

入超链接"对话框中选本文档中的位置之幻灯片标题 2, 则产生指向第 2 张幻灯片的超链接。重复上述操作, 产生指向其余 3 张幻灯片的超链接。

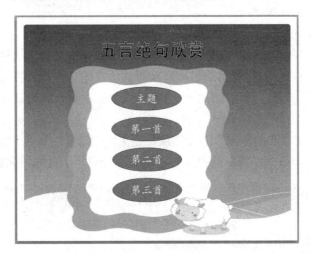

图 8-11 绝句欣赏首页

选择第 5 张幻灯片, "插入" | "艺术字" 命令, 输入文字 "返回", 设置选择超链接到 "第一张幻灯片"。

5. 插入多媒体对象

从 "插入" | "音频" 命令中选择对应的子命令。

将 P1.pptx 第 1 张幻灯片中插入一个声音文件, 插入成功以 显示。幻灯片放映时自动播放一段音乐。

6. 放映演示文稿

将 P1.pptx 放映方式分别设置为 "演讲者放映"、"观众自行浏览"、"在展台放映" 及 "成循环放映方式", 并且和排练计时结合, 在放映时观察效果。

实验九 Windows 的网络功能和 Internet 服务

一、实验目的

（1）掌握在 Windows 中资源共享的设置方法。

（2）掌握共享资源的使用方法。

（3）掌握浏览器的使用方法、基于网页的下载和网页的保存方法。

（4）掌握搜索引擎或搜索器的使用方法。

（5）掌握拨号连接的建立和设置方法。

（6）掌握在 Internet 申请免费邮箱的方法。

（7）掌握邮件软件的使用方法。

二、实验内容与要求

1. Windows 中资源共享

（1）网上邻居的使用。

鼠标右键单击"我的电脑"图标，从弹出的快捷菜单中选择"属性"命令，打开"系统"窗口，找到并记录你的计算机的名称，观察你所在的工作组。打开"网络"窗口，记录工作组中的计算机成员；任意打开一个计算机成员，观察该成员共享的资源有哪些。

【提示】

① 在桌面上右击"我的电脑"图标，从快捷菜单中选择"属性"命令，系统弹出如图 9-1 所示的"系统"窗口。在窗口的"计算机全名"处显示了计算机完整的名称。

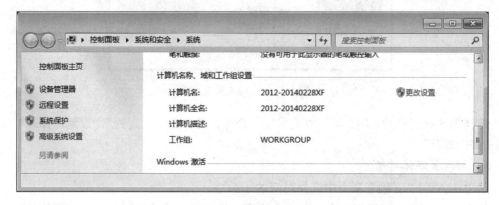

图 9-1　"系统"窗口

② 双击桌面上的"网络"图标，在打开的窗口中将显示出所有该网络中的计算机，如图 9-2 所示。

图 9-2　"网络"窗口

③ 双击窗口中的任意一个计算机图标，即可打开该计算机所共享的资源列表窗口。

注：在窗口中会显示该设置为共享的所有软硬件资源。

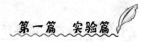

（2）文件夹共享。

在计算机的 C 盘建立一个名为"XX 的共享文件夹"（"XX"是计算机名称）的文件夹，分别设置该文件夹的共享权限为"读/写"、"读取"后，通过机房其他计算机的"网络"打开该文件夹，并在其中建立名为"测试文件夹"的义件火。记录并解释实验结果。

把上述共享文件夹允许的连接数设置为 1，并尝试在另外 2 台以上的计算机中打开它。记录并解释实验结果。

【提示】

① 右击所建立的名为"XX 的共享文件夹"（"XX"是计算机名称）的文件夹，从快捷菜单中指向"共享"，并选择"特定用户"命令，打开"文件共享"窗口。添加特定的共享用户后，在该用户的"权限级别"中即可选择"读/写"、"读取"权限。若在"权限级别"选择"删除"则删除该用户的共享权限，如图 9-3 所示。

图 9-3　共享权限设置

② 以上方法建立的共享文件夹，默认情况下，共享的用户限制为 20。在共享的文件夹上单击鼠标右键，然后从快捷菜单中选择"属性"命令；在该文件夹的属性窗口的"共享"选项卡下，单击"高级共享（D）…"按钮。在"高级共享"对话框中（见图 9-4），单击"添加（A）"按钮，可以为此共享文件夹创建新的共享名，还可以在"将同时共享的用户数量限制为（L）"后面的框中设置同时共享用户数，在此可以设置允许的连接数为 1 或 2 等。另外，单击"权限"按钮可以设置用户访问该共享文件夹时详细的权限，也可以在"注释"框中输入注释性的内容（这些内容可以被共享用户看到）。

图 9-4　设置允许的连接数

2. 浏览器的使用——信息浏览及网页保存

在浏览器的地址栏中输入"http://www.gnnu.cn"并按回车键，打开网页。通过网页上提供的导航，找到"数学与计算机科学学院"的超链接，并打开它。

把"数学与计算机科学学院"的网页以"我来到了数计学院"为文件名保存到 C 盘根文件夹。

【提示】

① 信息浏览。双击桌面上的"Internet Explorer"图标，打开 IE 浏览器，在"地址"中输入上述网址，进入"赣南师范学院"首页，通过"机构设置"中的"二级学院"即可查找到"数学与计算机科学学院"的超链接，并由此进入"数学与计算机科学学院"首页。

② 保存网页。在完成上述操作后，单击"页面"按钮，在弹出的菜单中选择"另存为…"命令，并在"保存网页"对话框中选择"本地磁盘（C:）"为存储路径，然后在对话框的"文件名（N）:"文本框中输入文件名"欢迎来到赣南师范学院数学与计算机科学学院"，最后单击"保存"按钮即可。

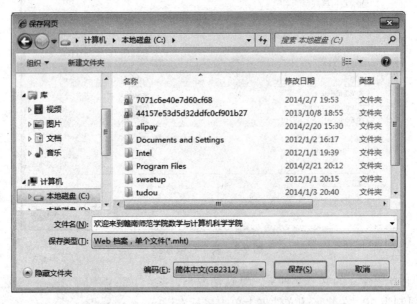

图 9-5 保存网页文件

3. 信息检索

利用"百度"（http://www.baidu.com）或"谷歌"（http://www.google.com.hk）为搜索引擎，搜索所在学科的最新研究成果。

【提示】

● 信息检索成败的关键是关键词的选择，合适的关键词可大大提高检索效率。

● 通常用空格分隔的多个关键词表示搜索结果中包含所有关键词。

● 若用直双引号把关键词括起来表示对关键词作精确检索，即所得到的只是所输入的确切字词的搜索结果，且其顺序与你输入的顺序一致。

4. 基于网页的文件下载

在搜索引擎中以"flash 播放器下载"为关键词找到提供了该播放器下载的页面,并下载该播放器保存到 C 盘。

【提示】

在搜索到并打开基于网页下载的页面后,通常可以看到类似图 9-6 所示的下载链接,单击该链接,系统会弹出如图 9-7 所示的"文件下载"对话框,单击"保存"按钮并作适当设置即可完成文件的下载。

图 9-6　基于网页下载的页面

图 9-7　"文件下载"对话框

5. 拨号连接的建立和设置

建立一个名为"我的拨号"的拨号连接,并设置重拨次数为 2,重拨间隔为 2min。

【提示】

① 右击桌面上的"网络"图标,并在弹出的快捷菜单中选择"属性"命令,打开"网络和共享中心"窗口。

② 在"更改网络设置"中选择"设置新的连接或网络"命令,打开"设置连接或网络"向导对话框,如图 9-8 所示。

③ 选择"连接到 Internet",并单击"下一步"按钮。

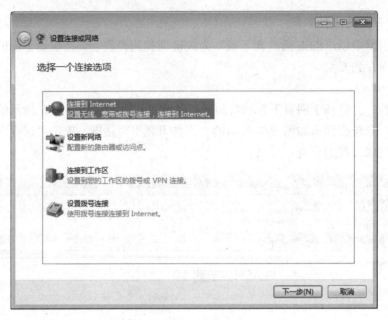

图 9-8　选择网络连接类型

④ 继续单击"下一步"按钮，直到出现如图 9-9 所示对话框，输入网络连接名称"我的拨号"并单击"连接"按钮。

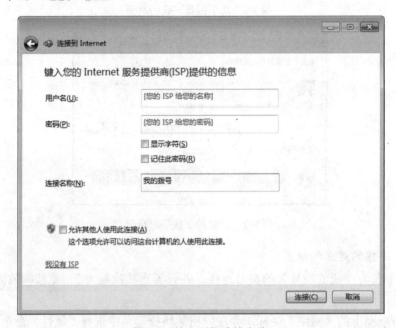

图 9-9　输入网络连接名称

⑤ 拨号属性的设置，按照以上方法打开"网络和共享中心"窗口，单击"我的拨号"并选择"属性"命令，打开"我的拨号属性"对话框，选择"选项"选项卡，设置"重拨次数"为"2"，"重拨间隔"为"2 分钟"如图 9-10 所示。

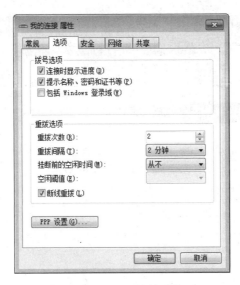

图 9-10　设置拨号属性

6. 免费邮箱申请

请咨询老师或同学，进入一个合适的电子邮件服务提供商的网站，并申请一个免费的电子邮箱。申请成功后，向老师发送一封电子邮件表达对本课程学习的看法。

【提示】

在 Internet，有许多电子邮件服务提供商，例如：网易（http://www.163.com）、新浪（http://www.sina.com.cn）、hotmail（http://cn.msn.com）。

① 以网易电子邮箱申请为例。首先进入网易首页，如图 9-11 所示。

图 9-11　网易主页

② 单击"注册免费邮箱"，进入注册页面，如图 9-12 所示。

③ 根据提示，完成信息填写并单击"立即注册"按钮即可申请一个免费的电子邮箱。

④ 申请成功后，再次打开网易主页，单击"登录"并输入注册时的用户名和密码，即可进入网易免费邮箱实现邮件的收发。

图 9-12　网易"免费邮"页面

7. Outlook 2010 的使用

在 Outlook 2010 中进行必要设置，以上述申请的电子邮件作为邮件地址在 Outlook 2010 建立一个名为"我的 Email"的账号，并利用该账号发送一封电子邮件给同学表达同学之间的情谊。

【提示】设置操作请参看教材。

8. 在电子邮件中发送附件

把自己所珍爱的一张照片、一首歌曲，或是精心制作的一张贺卡，通过电子邮件以"附件"的形式发送给老师或同学，与他们共同分享心情。

【提示】（以网易电子邮箱为例）：

① 打开网易首页，登录电子邮箱。

② 单击写信，在写信页面中填写好"收件人""主题"等内容。

③ 单击"添加附件"，打开"选择文件"对话框，选择要发送的文件，添加完成后，在信件正文页面的"添加附件"处会显示所添加的附件的名称，如图 9-13 所示。

④ 单击"发送"按钮，即可将邮件附件与正文一同发送出去。

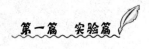

图 9-13 网易"免费邮"的"写信"页面

第二篇　训练篇

练习一　计算机基础知识

1. 1946 年第一台计算机问世以来，计算机的发展经历了 4 个时代，它们是（　　）。
   - A. 低档计算机、中档计算机、高档计算机、手提计算机
   - B. 微型计算机、小型计算机、中型计算机、大型计算机
   - C. 组装机、兼容机、品牌机、原装机
   - D. 电子管计算机、晶体管计算机、小规模集成电路计算机、大规模及超大规模集成电路计算机

2. 十六进制 1000 转换成十进制数是（　　）。
   - A. 4 096
   - B. 1 024
   - C. 2 048
   - D. 8 192

3. 计算机能直接识别并执行的语言是（　　）。
   - A. 汇编语言
   - B. 自然语言
   - C. 机器语言
   - D. 高级语言

4. ASCII 码是（　　）的简称。
   - A. 英文字符和数字
   - B. 国际通用信息代码
   - C. 国家标准信息交换代码
   - D. 美国标准信息交换代码

5. 数字字符 "0" 的 ASCII 码的十进制是 48，那么数字字符 "8" 的 ASCII 码的十进制是（　　）。
   - A. 54
   - B. 58
   - C. 60
   - D. 56

6. DRAM 存储器的中文含义是（　　）。
   - A. 静态随机存储器
   - B. 动态随机存储器
   - C. 静态只读存储器
   - D. 动态只读存储器

7. 在微型计算机中，bit 的中文含义是（　　）。
   - A. 二进制位
   - B. 字
   - C. 字节
   - D. 双字

8. 个人计算机的中央处理器一般称为（　　）。
   - A. PC
   - B. CPU
   - C. RAM
   - D. Word

9. 计算机的中央处理器只能直接调用（　　）中的信息。
   - A. 内存
   - B. 硬盘
   - C. 光盘
   - D. 软盘

10. 汉字国际码（GB2312-80）规定的汉字编码中，每个汉字占用的字节是（　　）。

    A. 1个　　　　　　　B. 2个　　　　　　　C. 3个　　　　　　　D. 4个

11. 微型计算机系统的开机顺序是（　　）。

    A. 先开主机再开外部设备　　　　　B. 先开显示器再开打印机

    C. 先开主机再打开显示器　　　　　D. 先开外部设备再开主机

12. 微型计算机的运算器、控制器及内存储器的总称是（　　）。

    A. CPU　　　　　　　B. ALU　　　　　　　C. 主机　　　　　　　D. MPU

13. 安装、连接计算机各个硬件部件时，应（　　）。

    A. 先洗手　　　　　B. 切断电源　　　　　C. 接通电源　　　　　D. 通电预热

14. 某单位的财务管理软件属于（　　）。

    A. 工具软件　　　　　B. 系统软件　　　　　C. 编辑软件　　　　　D. 应用软件

15. 计算机中的机器数有3种表示方法，下列（　　）不属于这3种表示方法。

    A. 反码　　　　　　　B. 原码　　　　　　　C. 补码　　　　　　　D. ASCII 码

16. 个人计算机属于（　　）。

    A. 巨型机　　　　　　B. 中型机　　　　　　C. 小型机　　　　　　D. 微型机

17. 下列字符中，其 ASCII 码值最大的是（　　）。

    A. 9　　　　　　　　B. a　　　　　　　　C. z　　　　　　　　D. M

18. 显示器是最常见的（　　）。

    A. 微处理器　　　　　B. 输出设备　　　　　C. 输入设备　　　　　D. 存储器

19. 硬盘驱动器是一种（　　）。

    A. 内存储器　　　　　B. 外存储器　　　　　C. 只读存储器　　　　　D. 半导体存储器

20. 指令的解释是由电子计算机的（　　）来执行。

    A. 输入/输出部分　　　B. 存储器　　　　　C. 控制器　　　　　D. 算术和逻辑部分

21. 在下列存储器中，访问速度最快的是（　　）。

    A. 硬盘存储器　　　　　　　　　　B. 光盘存储器

    C. 半导体 RAM（内存储器）　　　　D. U 盘存储器

22. 一个 16×16 点阵的字形码需要的存储空间为（　　）。

    A. 128B　　　　　　　B. 64B　　　　　　　C. 32B　　　　　　　D. 16B

23. 半导体只读存储器（ROM）与半导体随机存储器（RAM）的主要区别在于（　　）。

    A. ROM 可以永久保存信息，RAM 在掉电后信息会丢失

    B. ROM 掉电后信息会丢失，RAM 则不会

    C. ROM 是内存储器，RAM 是外存储器

    D. RAM 是内存储器，ROM 是外存储器

24. 光盘是一种已广泛使用的外存储器，英文缩写 CD-ROM 指的是（　　）。

    A. 只读型光盘　　　　　　　　　　B. 一次写入光盘

    C. 追记型读写光盘　　　　　　　　D. 可抹型光盘

25. 计算机存储器是一种（　　）。

    A. 运算部件　　　　　B. 输入部件　　　　　C. 输出部件　　　　　D. 记忆部件

26. 某单位的人事档案管理系统属于（　　）。
    A. 工具软件　　　　B. 应用软件　　　　C. 系统软件　　　　D. 字表处理软件

27. 在微型计算机中的"DOS"，从软件归类来看，应属于（　　）。
    A. 应用软件　　　　B. 工具软件　　　　C. 系统软件　　　　D. 编辑系统

28. 反映计算机存储容量的基本单位是（　　）。
    A. 二进制位　　　　B. 字节　　　　C. 字　　　　D. 双字

29. 存储容量中，1MB 等于（　　）。
    A. 1 024×1 024bits　　　　　　　　B. 1 000×1 024Bytes
    C. 1 000×1 024bits　　　　　　　　D. 1 024×1 024Bytes

30. 十进制数 15 对应的二进制数是（　　）。
    A. 1111　　　　B. 1110　　　　C. 1010　　　　D. 1100

31. 在计算机应用中，"计算机辅助设计"的英文缩写是（　　）。
    A. CAM　　　　B. CAT　　　　C. CAD　　　　D. CAI

32. 微型计算机的发展以（　　）的发展为特征。
    A. 主机　　　　B. 软件　　　　C. 微处理器　　　　D. 控制器

33. 外存与内存有许多不同之处，外存相对于内存来说，以下叙述（　　）不正确。
    A. 外存中信息可长期保存，断电不受影响
    B. 外存的容量比内存大得多
    C. 外存读写速度慢，内存速度快
    D. 内存和外存都是由半导体器件构成

34. 二进制数 110101 转换为八进制数是（　　）。
    A. $(71)_8$　　　　B. $(65)_8$　　　　C. $(56)_8$　　　　D. $(51)_8$

35. 电子计算机的内存储器一般由（　　）组成。
    A. ROM 和 RAM　　B. RAM 和硬盘　　C. CPU 和 ROM　　D. CD-ROM 与 ROM

36. 信息高速公路计划使计算机应用进入了（　　）的新发展阶段。
    A. 以网络为中心　　B. 家用计算机　　C. 多媒体应用　　　　D. 图像处理

37. 计算机中，一个浮点数由两部分组成，它们是（　　）。
    A. 阶码和尾数　　　B. 基数和尾数　　C. 阶码和基数　　　D. 整数和小数

38. 计算机之所以能按人们的意志自动进行工作，最直接的原因是采用了（　　）。
    A. 二进制数制　　　B. 程序设计语言　　C. 高速电子元件　　D. 存储程序控制

39. 微型计算机中，运算器的基本功能是（　　）。
    A. 进行算术和逻辑运算　　　　　　B. 存储各种控制信息
    C. 控制计算机各部件协调一致地工作　　D. 保持各种控制信息

40. 在计算机运行时，把程序和数据一样存放在内存中，这是 1946 年由（　　）提出的。
    A. 图灵　　　　B. 布尔　　　　C. 冯·诺依曼　　　　D. 爱因斯坦

41. 一个完整的计算机系统是由（　　）组成。
    A. 主机箱，键盘，显示器，打印机　　B. 主机与外部设备
    C. 存储器，运算器，控制器　　　　　D. 硬件系统与软件系统

42. 由于微型计算机在工业自动化控制方面的广泛应用，使它可以（ ）。

    A. 节省劳动力，减轻劳动强度，提高生产效率

    B. 节省原料，减少能源消耗，降低生产成本

    C. 代替危险性较大的工作岗位上的人工操作

    D. 以上都对

43. 五笔字型是一种（ ）汉字输入方法。

    A. 音码   B. 形码   C. 音形结合码   D. 流水码

44. 微型计算机接口位于（ ）之间。

    A. CPU 与内存   B. CPU 与外部设备

    C. 外部设备与微型计算机总线   D. 内存与微型计算机总线

45. 下列说法正确的是（ ）。

    A. 硬盘是计算机的外存储器

    B. 没有外部设备的计算机称为裸机

    C. 保证信息系统安全的唯一办法是给软件加密

    D. 制作系统盘将破坏磁盘上原有的信息

46. 显示器需通过（ ）插入 I/O 扩展与主机相连。

    A. 电缆   B. 多功能卡   C. 显示适配器   D. 串/并行接口卡

47. 重新启动 Windows，而越过"自检"过程的启动方式是（ ）。

    A. 按"Reset"键 B. 关、开电源   C. 按"Ctrl+Break"D. 按"Ctrl+Alt+Del"

48. 大小写字母转换的键是（ ）。

    A. Esc   B. CapsLock   C. Shift   D. B、C 都对

49. 微型计算机中普遍使用的字符编码是（ ）。

    A. BCD 码   B. 拼音码   C. 补码   D. ASCII 码

50. 对于重要的计算机系统，更换操作人员时，应当（ ）系统的口令密码。

    A. 立即改变   B. 一周内改变   C. 一个月内改变   D. 3 天内改变

51. 开发保密的计算机应用系统时，研制人员与操作使用人员（ ）。

    A. 最好是同一批人   B. 应当分开

    C. 不能有传染病   D. 应做健康检查

52. 微型计算机采用总线结构连接 CPU、内存储器和外部设备，总线由三部分组成，它包括（ ）。

    A. 数据总线、传输总线和通信总线   B. 地址总线、逻辑总线和信号总线

    C. 控制总线、地址总线和运算总线   D. 数据总线、地址总线和控制总线

53. 目前计算机应用最广泛的领域是（ ）。

    A. 人工智能和专家系统   B. 科学技术与工程计算

    C. 数据处理与办公自动化   D. 辅助设计与辅助制造

54. 不要频繁地开关计算机电源，主要是（ ）。

    A. 避免计算机的电源开关损坏   B. 减少感生电压对器件的冲击

    C. 减少计算机可能受到的震动   D. 减少计算机的电能消耗

55. 将个人计算机的供电线路与大功率电气设备的供电线路分开，主要是为了避免（   ）。

    A. 突然停电造成损失   B. 耗电量变大

    C. 供电线路发热   D. 外电源的波动和干扰信号太强

56. 在计算机工作时不能用物品覆盖、阻挡显示器和主机箱上的孔，是为了（   ）。

    A. 减少机箱内的静电积累   B. 有利于机内通风散热

    C. 有利于清除机箱内的灰尘   D. 减少噪音

57. 下列关于个人计算机的说法，（   ）是正确的。

    A. 个人计算机必须安装在有空调的房间

    B. 个人计算机可以安装在一般家庭和办公室

    C. 个人计算机必须配备不间断电源

    D. 使用个人计算机时要每小时关机 10 分钟，以便散热

58. 个人计算机内存的大小主要由（   ）决定。

    A. RAM 芯片的容量   B. 软盘的容量

    C. 硬盘的容量   D. CPU 的位数

59. 动态 RAM 的特点是（   ）。

    A. 工作中需要动态地改变存储单元内容

    B. 工作中需要动态地改变访存地址

    C. 每隔一定时间需要刷新

    D. 每次读出后需要刷新

60. 一般操作系统的主要功能是（   ）。

    A. 对汇编语言和高级语言进行编译   B. 管理用各种语言编写的源程序

    C. 管理数据库文件   D. 控制和管理计算机系统软、硬件资源

61. 下列有关存储器读写速度的排列，正确的是（   ）。

    A. RAM>Cache>硬盘>软盘   B. Cache >RAM>硬盘>软盘

    C. Cache >硬盘>RAM>软盘   D. RAM>硬盘> Cache >软盘

62. 使用 Cache 可以提高计算机运行速度，这是因为（   ）。

    A. Cache 增大了内存的容量   B. Cache 扩大了硬盘的容量

    C. Cache 缩短了 CPU 的等待时间   D. Cache 可以存放程序和数据

63. 微型计算机的型号中含有 486、586 等内容时，其含义是（   ）。

    A. CPU 的档次   B. 软盘容量大小

    C. 主存储器容量大小   D. 硬盘容量大小

64. 将二进制数 11011101 转化成十进制是（   ）。

    A. 220   B. 221   C. 251   D. 321

65. UPS 最主要的功能是（   ）。

    A. 电源稳压   B. 发电供电   C. 不间断供电   D. 防止电源十扰

66. "Pentium Ⅱ350" 和 "Pentium Ⅲ450" 中的 "350" 和 "450" 的含义是（   ）。

    A. 最大内存容量   B. 最大运算速度

    C. 最大运算精度   D. CPU 的时钟频率

67. 下列叙述不正确的是（　　　）。

    A. 硬件系统不可用软件代替

    B. 软件不可用硬件代替

    C. 计算机性能完全取决于 CPU

    D. 软件和硬件是相互联系的，有时在逻辑功能方面是等效的

68. 计算机的 CPU 每执行一个（　　　），就完成一步基本运算或判断。

    A. 语句　　　　　　B. 指令　　　　　　C. 程序　　　　　　D. 软件

69. 属于面向对象的程序设计语言是（　　　）。

    A. C　　　　　　　B. FORTRAN　　　　C. Pascal　　　　　D. Visual Basic

70. 光盘驱动器通过激光束来读取光盘上的数据时，激光头与光盘（　　　）。

    A. 直接接触　　　　　　　　　　　　B. 不直接接触

    C. 播放 VCD 时接触　　　　　　　　　D. 有时接触有时不接触

71. 下列各项中，不属于多媒体硬件的是（　　　）。

    A. 光盘驱动器　　B. 视频卡　　　　　C. 音频卡　　　　　D. 加密卡

72. 微型计算机使用的键盘中，"Alt"键称为（　　　）。

    A. 控制键　　　　B. 上档键　　　　　C. 退格键　　　　　D. 交替换档键

73. 与十六进制数（BC）$_{16}$ 等值的二进制数是（　　　）。

    A. 10111011　　　B. 10111100　　　　C. 11001100　　　　D. 11001011

74. 把内存中的数据传送到计算机的硬盘，称为（　　　）。

    A. 显示　　　　　B. 读盘　　　　　　C. 输入　　　　　　D. 写盘

75. 世界上最大的微处理器生产公司是（　　　）。

    A. IBM　　　　　B. Intel　　　　　　C. HP　　　　　　D. Digital

76. 软盘上第（　　　）磁道最重要，一旦破坏，该盘就不能使用了。

    A. 1　　　　　　　B. 40　　　　　　　C. 0　　　　　　　D. 80

77. 关于 Flash 存储设备的描述，不正确的是（　　　）。

    A. Flash 存储设备利用 Flash 内存芯片作为存储介质

    B. Flash 存储设备采用 USB 的接口与计算机连接

    C. 不可对 Flash 存储设备进行格式化操作

    D. Flash 存储设备是一种移动存储交换设备

78. 加密型优盘具有对存储数据安全保密的功能，它通过（　　　）两种方法来确保数据的安全保密。

    A. 优盘锁，数据加密　　　　　　　　B. 密码，磁道加密

    C. 保护口，数据加密　　　　　　　　D. 优盘锁，隐含数据

79. 微型计算机的存储系统一般指主存储器和（　　　）。

    A. 累加器　　　　B. 辅助存储器　　　C. 寄存器　　　　　D. RAM

80. 微型计算机中使用的数据库管理系统，属于计算机在（　　　）方面的应用。

    A. 人工智能　　　　　　　　　　　　B. 专家系统

    C. 信息管理　　　　　　　　　　　　D. 科学计算

81. 对于下列叙述，正确的说法是（　　）。

    A．所有软件都可以自由复制和传播

    B．受法律保护的计算机软件不能随意复制

    C．软件没有著作权，不受法律的保护

    D．应当使用自己花钱买来的软件

82. 下面关于基本输入/输出系统（BIOS）的描述不正确的是（　　）。

    A．是一组固化在计算机主板上一个 ROM 芯片内的程序

    B．它保存着计算机系统中最重要的基本输入/输出程序，系统设置信息

    C．BIOS 芯片技术支持即插即用

    D．对于定型的主板，生产厂家不会改变 BIOS 程序

83. （　　）是指专门为某一应用目的而编制的软件。

    A．系统软件　　　　　　　　　　B．数据库管理系统

    C．操作系统　　　　　　　　　　D．应用软件

84. CD-ROM 是一种（　　）的外存储器。

    A．只能写入　　　　　　　　　　B．易失性

    C．可以读写　　　　　　　　　　D．只能读出，不能写入

85. 我国自行设计研制的曙光 4000A 计算机是（　　）。

    A．微型计算机　　B．小型计算机　　C．中型计算机　　D．巨型计算机

86. 计算机中能把高级语言源程序翻译成机器可执行程序的方法是（　　）。

    A．汇编与解释　　B．编译与解释　　C．编译与连接　　D．汇编与连接

87. 微型计算机使用的键盘中，"Ctrl"键称为（　　）。

    A．回车键　　　　B．控制键　　　　C．换档键　　　　D．强行退出键

88. 在科学计算时，经常会遇到"溢出"现象，这是指（　　）。

    A．数值超出了内存容量　　　　　B．数值超出了机器的位所表示的范围

    C．数值超出了变量的表示范围　　D．计算机出故障了

89. "64 位机"中的 64 指的是（　　）。

    A．内存容量　　　　　　　　　　B．微型计算机型号

    C．存储单位　　　　　　　　　　D．机器字长

90. 下列属于输出设备的是（　　）。

    A．键盘　　　　　B．鼠标　　　　　C．摄像头　　　　D．显示器

91. 计算机能够自动工作，主要是因为采用了（　　）。

    A．二进制数制　　B．高速电子元件　　C．存储程序控制　　D．程序设计语言

92. 根据汉字结构输入汉字的方法是（　　）。

    A．区位码　　　　B．电报码　　　　C．拼音码　　　　D．五笔字型

93. 工厂利用计算机系统实现温度调节、阀门开关，该应用属于（　　）。

    A．过程控制　　　B．数据处理　　　C．科学计算　　　D．CAD

94. 硬盘工作时，应注意避免（　　）。

    A．光线直射　　　B．强烈震动　　　C．潮湿　　　　　D．噪声

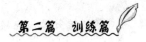

95. 在下列设备中，既是输入设备又是输出设备的是（   ）。

    A．显示器   B．磁盘驱动器   C．键盘   D．打印机

96. 硬盘的每个扇区为（   ）字节。

    A．512   B．128   C．256   D．1024

97. 主板 IDE 接口上可插接（   ）。

    A．硬盘和光驱   B．硬盘和软驱   C．软驱与光驱   D．硬盘和网卡

98. 键盘是一种（   ）。

    A．输入设备   B．输出设备   C．存储设备   D．输入输出设备

99. 在微型计算机的总线上单向传达信息的是（   ）。

    A．数据总线   B．地址总线   C．控制总线   D．以上都是

100. 下列描述中，（   ）不正确。

    A．磁盘应远离高温及磁性物体

    B．避免接触盘片上暴露的部分

    C．不要弯曲磁盘

    D．磁盘应避免与染上病毒的磁盘放在一起

101. 关于高速缓冲存储器 Cache 的描述，不正确的是（   ）。

    A．Cache 是介于 CPU 和内存之间的一种可高速存取信息的芯片

    B．Cache 越大，效率越高

    C．Cache 用于解决 CPU 和 RAM 之间冲突问题

    D．存放在 Cache 中的数据使用时存在命中率的问题

102. 硬盘分区的目的之一是（   ）。

    A．对硬盘进行格式化   B．便于安装操作系统和存放数据

    C．便于清除硬盘上的数据和程序   D．清除硬盘上的所有病毒

103. 下列（   ）不是影响个人计算机系统功能的主要因素。

    A．CPU 形状   B．CPU 的时钟频率

    C．CPU 主内存容量   D．CPU 所能提供的指令集

104. 利用计算机进行图书馆管理，属于计算机应用中（   ）。

    A．数值计算   B．数据处理   C．人工智能   D．辅助设计

105. 下列（   ）通常不是激光打印机采用的接口。

    A．并行接口   B．USB 接口   C．PS/2 接口   D．SCSI 接口

106. 为解决某一具体应用问题而为计算机编制的指令序列被称为（   ）。

    A．口令   B．字符串   C．文件   D．程序

107. 计算机软件的著作权属于（   ）。

    A．使用者   B．购买者   C．软件开发者   D．销售商

108. 下列字符中，ASCII 码值最小的是（   ）。

    A．0   B．9   C．A   D．a

109. 现今世界上不同型号计算机的工作原理都是（   ）原理。

    A．程序设计   B．程序运行   C．存储程序   D．程序控制

110. 所谓热启动是指（　　）。
　　A. 计算机发热时应重新启动　　　　B. 不断电状态下的重新启动
　　C. 重新由硬盘启动　　　　　　　　D. 计算机的自动启动

111. 十进制数化为二进制数的方法是（　　）。
　　A. 乘 2 取整法　　B. 除 2 倒取整法　　C. 乘 2 取余法　　D. 除 2 倒取余法

112. 信息处理进入了计算机世界，实质上进入了（　　）的世界。
　　A. 模拟数字　　　　B. 十进制数　　　　C. 二进制数　　　　D. 抽象数字

113. 第 4 代电子计算机使用的电子元件是（　　）。
　　A. 电子管　　　　　　　　　　　　B. 晶体管
　　C. 中小规模集成电路　　　　　　　D. 大规模和超大规模集成电路

114. 在计算机存储器的术语中，一个 "Byte" 包含 8 个（　　）。
　　A. 字母　　　　　B. 字长　　　　　C. 字节　　　　　D. 比特

115. A/D 转换的功能是将（　　）。
　　A. 模拟量转换为数字量　　　　　　B. 数字量转换为模拟量
　　C. 声音转换为模拟量　　　　　　　D. 数字量和模拟量的混合处理

116. 微型计算机中使用的鼠标器连接在（　　）。
　　A. 打印机接口上　　B. 显示器接口上　　C. 并行接口上　　D. 串行接口上

117. 下列（　　）键不属于双态转换键。
　　A. CapsLock　　　B. NumLock　　　C. Delete　　　　D. Insert

118. 下列四条叙述中，正确的一条是（　　）。
　　A. 使用鼠标器要有其驱动程序　　　B. 激光打印机可以进行复写打印
　　C. 显示器可以直接与主机相连　　　D. 用杀毒软件可以清除一切病毒

119. 8 倍速 CD-ROM 驱动器的数据传输速率为（　　）。
　　A. 300KB/s　　　B. 600KB/s　　　C. 900KB/s　　　D. 1.2MB/s

120. 单倍速 CD-ROM 驱动器的数据传输速率为（　　）。
　　A. 100KB/s　　　B. 128KB/s　　　C. 150KB/s　　　D. 250KB/s

121. 十进制数 59 转换成八进制数是（　　）。
　　A. 73　　　　　　B. 37　　　　　　C. 59　　　　　　D. 112

122. 办公自动化（OA）是计算机的一项应用，按计算机应用分类，它属于（　　）。
　　A. 数据处理　　　B. 科学计算　　　C. 实时控制　　　D. 辅助设计

123. 某公司的销售管理软件属于（　　）。
　　A. 系统软件　　　B. 工具软件　　　C. 应用软件　　　D. 文字处理软件

124. 决定微型计算机性能的主要因素是（　　）。
　　A. 控制器　　　　B. CPU　　　　　C. 速度　　　　　D. 价格

125. 计算机硬件系统由（　　）各部分组成。
　　A. 控制器、显示器、打印机、主机、键盘
　　B. 控制器、运算器、存储器、输入输出设备
　　C. CPU、主机、显示器、打印机、硬盘、键盘
　　D. 主机箱、集成块、显示器、电源、键盘

126. 下列设备中，属于输出设备的是（   ）。

A. 打印机　　　　B. 键盘　　　　　C. 鼠标　　　　　D. 扫描仪

127. 下列叙述中，正确的是（   ）。

A. 汉字是用原码表示的　　　　　　B. 西文用补码表示

C. 在 PC 中，纯文本的后缀名为.txt　D. 汉字的机内码就是汉字的输入码

128. 微型计算机中，I/O 设备的含义是（   ）。

A. 控制设备　　　B. 输出设备　　　C. 输入设备　　　D. 输入/输出设备

129. 在微型计算机系统中常有 VGA、EGA 等说法，它们的含义是（   ）。

A. 键盘型号　　　B. 显示器型号　　C. 显示标准　　　D. 微型计算机型号

130. 键盘上可用于字母大小写转换的键是（   ）。

A. Esc　　　　　B. Caps Lock　　　C. Num Lock　　　D. Ctrl+Alt+Del

131. 用 MIPS 来衡量的计算机性能指标是（   ）。

A. 存储容量　　　B. 运算速度　　　C. 时钟频率　　　D. 可靠性

132. 最先实现存储程序的计算机是（   ）。

A. EDIAC　　　　B. EDSAC　　　　C. UNIVAC　　　　D. EDVAC

133. 第 2 代计算机采用的电子器件是（   ）。

A. 晶体管　　　　　　　　　　　　B. 电子管

C. 中小规模集成电路　　　　　　　D. 超大规模集成电路

134. 在软件方面，第 1 代计算机主要使用（   ）。

A. 机器语言　　　　　　　　　　　B. 高级程序设计语言

C. 数据库管理系统　　　　　　　　D. BASIC 和 FORTRAN 语言

135. 绿色计算机是指（   ）计算机。

A. 机箱是绿色的　　　　　　　　　B. 显示器背景色为绿色

C. 节能　　　　　　　　　　　　　D. CPU 的颜色是绿色

136. 微型计算机中 1 字节表示的二进制位数是（   ）位。

A. 256　　　　　B. 2　　　　　　　C. 8　　　　　　　D. 16

137. 在 PC 机中，应用最普遍的字符编码是（   ）。

A. BCD 码　　　　B. ASCII 码　　　C. 国标码　　　　D. 区位码

138. 使用 Pentium/200 芯片的微型计算机，其 CPU 的时钟频率为（   ）。

A. 200MHz　　　B. 200Hz　　　　C. 200MB　　　　D. 200KB

139. 通常所说的 24 针打印机，其中 24 针是指（   ）。

A. 打印头内有 24×24 根针　　　　B. 信号针插头有 24 针

C. 打印头内有 24 根针　　　　　　D. 24×24 点阵

140. 在计算机中，BUS 是指（   ）。

A. 公共汽车　　　B. 通信　　　　　C. 总线　　　　　D. 插件

141. 将微型计算机的主机与外设相连的是（   ）。

A. 输入/输出接口电路　　　　　　B. 内存条

C. 主板电池　　　　　　　　　　　D. 数据线

142. 下列选项中，（　　）不是微型计算机必需的工作环境。
    A. 稳定的电源电压　　　　　　　　B. 恒温
    C. 远离强磁场　　　　　　　　　　D. 良好的接地线路

143. 应用软件是指（　　）。
    A. 能够被各应用单位共同使用的某种软件
    B. 所有能够使用的软件
    C. 所有微型计算机上都应使用的基本软件
    D. 专门为某一应用目的而编写的软件

144. CAI 是指（　　）。
    A. 计算机辅助设计　　　　　　　　B. 计算机辅助教学
    C. 计算机集成制造　　　　　　　　D. 计算机辅助制造

145. 计算机开机时，应先给（　　）加电。
    A. 外设　　　　B. 显示器　　　　C. 主机　　　　D. 打印机

146. 在计算机应用中，"计算机辅助制造"的英文缩写是（　　）。
    A. CAD　　　　B. CAM　　　　C. CAI　　　　D. CAT

147. 计算机字长取决于哪种总线的宽度（　　）。
    A. 控制总线　　　　B. 数据总线　　　　C. 地址总线　　　　D. 通信总线

148. 家用计算机能一边听音乐，一边玩游戏，这主要体现了 Windows 操作系统的
（　　）。
    A. 多媒体技术　　　　　　　　　　B. 自动控制技术
    C. 文字处理技术　　　　　　　　　D. 多任务技术

149. 下列（　　）键不属于双符键。
    A. =　　　　B. 8　　　　C. F　　　　D. Space

150. 芯片组是系统主板的灵魂，它决定了主板的结构及 CPU 的使用效率。芯片有"南桥"和"北桥"之分，"南桥"芯片的功能是（　　）。
    A. 负责 I/O 接口以及 IDE 设备（硬盘等）的控制等
    B. 负责与 CPU 联系
    C. 控制内存
    D. AGP，PCI 数据在芯片内部传播

151. 在下面关于计算机的说法中，正确的是（　　）。
    A. 微型计算机内存容量的基本计算计量单位是字符
    B. 1GB=1 024KB
    C. 二进制数中右起第 10 位的 1 相当于 2 的 10 次方
    D. 1TB=1 024GB

152. Java 是一种（　　）。
    A. 操作系统　　　　B. 数据库　　　　C. 机器语言　　　　D. 编程语言

153. 能直接与 CPU 交换信息的功能单元是（　　）。
    A. 运算器　　　　B. 硬盘　　　　C. 主存储器　　　　D. 控制器

154. 我国颁布的《信息交换用汉字编码字符集—基本集》(即国际码)的代号是( )。

　　A．GB2312—1987　　　　　　B．GB2215—1987

　　C．GB2312—1980　　　　　　D．GB3122—1980

155. 软盘不能写入只能读出的原因是 ( )。

　　A．新盘未格式化　　　　　　B．软盘片是已使用过的

　　C．写保护　　　　　　　　　D．其他

156. 以下式子中不正确的是 ( )。

　　A．110101010101B>FFFH　　B．123456<123456H

　　C．1111>1111B　　　　　　D．9H>9

157. 对补码的叙述，( )不正确。

　　A．负数的补码是该数的反码最右加1　B．负数的补码是该数的原码最右加1

　　C．正数的补码就是该数的原码　　　　D．正数的补码就是该数的反码

158. 输入文字时有"插入"方式和"改写"方式，按( )键可在这两种方式之间切换。

　　A．Delete　　　B．空格　　　C．只能使用鼠标　　D．Insert

159. 具有多媒体功能的微型计算机系统中，常用的 CD-ROM 是 ( )。

　　A．只读型大容量软盘　　　　B．只读型光盘

　　C．只读型硬盘　　　　　　　D．半导体只读存储器

160. 在计算机中，常用的数制是 ( )。

　　A．二进制　　　B．八进制　　　C．十进制　　　D．十六进制

161. 下列关于喷墨打印机特点的描述中，错误的是 ( )。

　　A．能输出彩色图像，打印效果好　　B．打印时噪声不大

　　C．需要时可以多层套打　　　　　　D．墨水成本高，消耗快

162. ( )打印质量不高，但打印成本便宜，因而在超市收银机上普遍使用。

　　A．针式打印机　　B．激光打印机　　C．字模打印机　　D．喷墨打印机

163. 下列哪部分不属于 CPU 的组成部分 ( )。

　　A．控制器　　　B．BIOS　　　C．运算器　　　D．寄存器

164. 微型计算机的结构原理是采用( )结构，它使 CPU 与内存和外设的连接简单化与标准化。

　　A．总线　　　B．星形连接　　　C．网络　　　D．层次连接

165. 下列不属于个人计算机的是 ( )。

　　A．台式机　　　B．服务器　　　C．便携机　　　D．工作站

166. 下列哪一种接口不能连接鼠标 ( )。

　　A．并行接口　　　B．串行接口　　　C．PS/2 接口　　　D．USB 接口

167. 下列 4 个选项中，按照 ASCⅡ 码值从小到大排列的是 ( )。

　　A．数字、英文大写字母、英文小写字母

　　B．数字、英文小写字母、英文大写字母

　　C．英文大写字母、英文小写字母、数字

　　D．英文小写字母、英文大写字母、数字

168. 对于计算机来说，首先必须安装的软件是（　　）。

    A. 数据库软件　　　B. 应用软件　　　　C. 操作系统　　　　D. 文字处理软件

169. 关于键盘操作，以下叙述（　　）是正确的。

    A. 按住 "Shift" 键，再按 "A" 键必然输入大写字母 A

    B. 功能键 "F1"、"F2" 等的功能对不同的软件可能不同

    C. 左右 "Ctrl" 键作用不相同

    D. "End" 键的功能是将光标移至屏幕最右端

170. 主机箱上 "Reset" 按钮的作用是（　　）。

    A. 关闭计算机的电源　　　　　　　　B. 使计算机重新启动

    C. 设置计算机的参数　　　　　　　　D. 相当于鼠标的左键

171. 下列打印机中，打印效果最佳的一种是（　　）。

    A. 点阵打印机　　　B. 激光打印机　　　C. 热敏打印机　　　D. 喷墨打印机

172. 下列因素中，对微型计算机工作影响最小的是（　　）。

    A. 温度　　　　　　B. 湿度　　　　　　C. 磁场　　　　　　D. 噪声

173. CPU 不能直接访问的存储器是（　　）。

    A. ROM　　　　　　B. RAM　　　　　　C. Cache　　　　　　D. CD-ROM

174. 在微型计算机中，运算器和控制器合称为（　　）。

    A. 逻辑部件　　　　　　　　　　　　B. 算术运算部件

    C. 微处理器　　　　　　　　　　　　D. 算术和逻辑部件

175. 下列叙述中，错误的是（　　）。

    A. 计算机要经常使用，不要长期闲置不用

    B. 计算机用几小时后，应关机一会儿再用

    C. 计算机应避免频繁开关，以延长其使用寿命

    D. 在计算机附近，应避免强磁场干扰

176. 在计算机内部用机内码而不用国标码表示汉字的原因是（　　）。

    A. 有些汉字的国标码不唯一，而机内码唯一

    B. 在有些情况下，国标码有可能造成误解

    C. 机内码比国标码容易表示

    D. 国标码是国家标准，而机内码是国际标准

177. 为解决 I/O 设备低效率的问题，操作系统的设备管理引入（　　）。

    A. 总线技术　　　B. 变频技术　　　C. 加密技术　　　D. 缓冲技术

178. 世界上第一台电子计算机诞生于（　　）。

    A. 1941 年　　　　　B. 1946 年　　　　C. 1949 年　　　　D. 1950 年

179. 以下软件中，（　　）属于系统软件。

    A. 用汇编语言编写的一个练习程序

    B. 财务管理软件

    C. Windows 操作系统

    D. 用 C 语言编写的求解一元二次方程的程序

180. 物理器件采用大规模集成电路的是（　　　）。

　　A. 第 3 代　　　　B. 第 4 代　　　　C. 第 2 代　　　　D. 第 1 代

181. 我国开始研制电子数字计算机的时间是（　　　）。

　　A. 1949 年　　　　B. 1952 年　　　　C. 1958 年　　　　D. 1970 年

182. 防止计算机中信息被窃取的手段不包括（　　　）。

　　A. 用户识别　　　　B. 权限控制　　　　C. 数据加密　　　　D. 备份信息

183. 下面（　　　）不是计算机高级语言。

　　A. Pascal　　　　B. CAD　　　　C. BASIC　　　　D. C

184. 我们通常所说的"裸机"指的是（　　　）。

　　A. 只装备有操作系统的计算机　　　　B. 不带输入输出设备的计算机

　　C. 没装备任何软件的计算机　　　　D. 计算机主机暴露在外

185. 目前在下列各种设备中，读取数据快慢的顺序为（　　　）。

　　A. 软驱、硬驱、内存和光驱　　　　B. 软驱、内存、硬驱和光驱

　　C. 内存、硬驱、光驱和软驱　　　　D. 光驱、软驱、硬驱和内存

186. GB2312—80 汉字国标码把汉字分成（　　　）等级。

　　A. 简体字和繁体字两个　　　　B. 一级汉字、二级汉字和三级汉字三个

　　C. 一级汉字、二级汉字共两个　　　　D. 常用汉字、次用汉字和罕见字共三个

187. 与十进数 100 等值的二进制数是（　　　）。

　　A. 1100100　　　　B. 1100010　　　　C. 10011　　　　D. 1100110

188. 在微型计算机中，主机由微处理器和（　　　）组成。

　　A. 磁盘存储器　　　　B. 内存储器

　　C. 软盘存储器　　　　D. 运算器

189. ASCII 码是表示（　　　）的代码。

　　A. 各种文字　　　　B. 各种字符　　　　C. 汉字　　　　D. 浮点数

190. 内存中的每一个基本单位都被赋予一个唯一的序号，称为（　　　）。

　　A. 字节　　　　B. 地址　　　　C. 容量　　　　D. 编号

191. 八进制数转换成二进制数的方法为（　　　）。

　　A. 按权展开

　　B. 除以 8 后，将余数反取合并

　　C. 每位 8 进制数用对应的 3 位二进制数代替

　　D. 乘以 2，然后取整数部分组合

192. 计算机今后的发展趋势是（　　　）。

　　A. 巨型化、微型化、网络化、自动化

　　B. 巨型化、数字化、网络化、智能化

　　C. 巨型化、微型化、一体化、智能化

　　D. 巨型化、微型化、网络化、智能化

193. 1GB 相当于（　　　）。

　　A. 1 024MB　　　　B. 1 024B　　　　C. 1 024KB　　　　D. 1 024TB

194. 通常我们说内存为 512 兆字节，是指内存容量为（   ）。

    A．512GB   B．512MB   C．512KB   D．512B

195. 下列叙述中，正确的是（   ）。

    A．CAI 软件是属于系统软件   B．计算机运算速度可用 MIPS 来表示

    C．Windows 操作系统是应用软件   D．所有计算机的字长都是 8 位

196. 在计算机中采用二进制，是因为（   ）。

    A．二进制的运算法则简单

    B．两个状态的系统具有稳定性

    C．逻辑命题中的"真"和"假"恰好与二进制的"1"和"0"对应

    D．上述三个原因

计算机基础知识练习题参考答案

题号	答案	题号	答案	题号	答案	题号	答案	题号	答案
1	D	41	D	81	B	121	A	161	C
2	A	42	D	82	D	122	A	162	A
3	C	43	B	83	D	123	C	163	B
4	D	44	C	84	D	124	B	164	A
5	D	45	A	85	D	125	B	165	B
6	B	46	C	86	B	126	A	166	A
7	A	47	C	87	B	127	C	167	A
8	B	48	B	88	B	128	D	168	C
9	A	49	D	89	D	129	C	169	B
10	B	50	A	90	D	130	B	170	B
11	D	51	A	91	C	131	B	171	B
12	C	52	D	92	D	132	D	172	D
13	B	53	C	93	A	133	A	173	D
14	D	54	B	94	B	134	A	174	C
15	D	55	D	95	B	135	C	175	B
16	D	56	B	96	A	136	A	176	B
17	C	57	B	97	A	137	B	177	B
18	B	58	A	98	A	138	A	178	B
19	B	59	C	99	B	139	C	179	C
20	C	60	D	100	D	140	C	180	B
21	C	61	B	101	B	141	A	181	C
22	C	62	C	102	B	142	B	182	D
23	A	63	A	103	A	143	D	183	B
24	A	64	B	104	B	144	B	184	C
25	D	65	C	105	D	145	A	185	C
26	B	66	D	106	D	146	B	186	C
27	C	67	D	107	C	147	B	187	A
28	B	68	B	108	A	148	A	188	B
29	D	69	D	109	C	149	D	189	B
30	A	70	B	110	B	150	A	190	B
31	C	71	D	111	D	151	D	191	C
32	C	72	D	112	C	152	D	192	D
33	D	73	B	113	D	153	C	193	A
34	B	74	D	114	D	154	C	194	B
35	A	75	B	115	A	155	C	195	B
36	A	76	C	116	D	156	A	196	D
37	A	77	C	117	C	157	B		
38	D	78	A	118	A	158	D		
39	A	79	D	119	D	159	B		
40	C	80	C	120	C	160	A		

练习二　Windows 7 操作系统基础知识

1. 在 Windows 7 中，任务栏上的内容为（　　　）。
    A. 当前窗口的图标　　　　　　　　B. 已启动并正在执行的程序名
    C. 所有已打开窗口的图标　　　　　D. 已经打开的文件名

2. 在 Windows 7 中，关于文件夹的描述不正确的是（　　　）。
    A. 文件夹是用来组织和管理文件的　　B. "计算机"是一个文件夹
    C. 文件夹中可以存放设备文件　　　　D. 文件夹中不可以存放设备文件

3. 在 Windows 7 中，可以设置、控制计算机硬件配置和修改显示属性的应用程序是
（　　　）。
    A. Word　　　　　　B. Excel　　　　　C. 资源管理器　　　　D. 控制面板

4. 在 Windows 7 中，不属于控制面板操作的是（　　　）。
    A. 更改桌面显示和字体　　　　　　B. 添加新硬件
    C. 造字　　　　　　　　　　　　　D. 调整鼠标的使用设置

5. 在 Windows 7 资源管理器中选定了文件或文件夹后，若要将它们移动到不同驱动器
的文件夹中，操作为（　　　）。
    A. 按下"Ctrl"键拖动鼠标　　　　　B. 按下"Shift"键拖动鼠标
    C. 直接拖动鼠标　　　　　　　　　D. 按下"Alt"键拖动鼠标

6. 在 Windows 7 的中文输入状态下，在几种中文输入方式之间切换应按（　　　）键。
    A. Ctrl + Alt　　　　B. Ctrl + Shift　　　C. Shift + Space　　D. Ctrl + Space

7. 在 Windows 7 中，下列叙述正确的是（　　　）。
    A. "写字板"是字处理软件，不能进行图文处理
    B. "画图"是绘图工具，不能输入文字
    C. "写字板"和"画图"均可以进行文字和图形处理
    D. 以上说法都不对

8. 在 Windows 7 资源管理器中选定了文件或文件夹后，若要将它们复制到同一驱动器
的文件夹中，应执行的操作是（　　　）。
    A. 按下 Ctrl 键拖动鼠标　　　　　　B. 按下 Shift 键拖动鼠标
    C. 直接拖动鼠标　　　　　　　　　D. 按下 Alt 键拖动鼠标

9. 在 Windows 7 中，当一个应用程序窗口被最小化后，该应用程序将（　　　）。
    A. 被终止执行　　　　　　　　　　B. 被转入后台执行
    C. 被暂停执行　　　　　　　　　　D. 继续在前台执行

10. 在 Windows 7 中，对文件的确切定义应该是（　　　）。
    A. 记录在磁盘上的一组相关命令的集合
    B. 记录在磁盘上的一组相关程序的集合

C．记录在磁盘上的一组相关数据的集合

D．记录在磁盘上的一组相关信息的集合

11．在 Windows 7 操作环境下，要将整个屏幕画面全部复制到剪贴板中应该使用
（   ）键。

    A．PrintScreen   B．Page Up

    C．Alt + F4   D．Ctrl + Space

12．在 Windows 7 操作环境下，若要将整个活动窗口的内容全部拷贝到剪贴板中，应
使用（   ）键。

    A．PrintScreen   B．Alt+PrintScreen

    C．Ctrl+Space   D．Alt+F4

13．在 Windows 7 中，下列 4 种说法中正确的是（   ）。

    A．安装了 Windows 的微型计算机，其内存容量不能超过 4MB

    B．Windows 中的文件名不能用大写字母

    C．Windows 操作系统感染的计算机病毒是一种程序

    D．安装了 Windows 的计算机，其硬盘常常安装在主机箱内，因此是一种内存储器

14．关于 Windows 7 窗口的概念，以下叙述正确的是（   ）。

    A．屏幕上只能出现一个窗口，就是活动窗口

    B．屏幕上可以出现多个窗口，但只有一个是活动窗口

    C．屏幕上可以出现多个窗口，但不止一个是活动窗口

    D．屏幕上可以出现多个活动窗口

15．在 Windows 7 中，用户建立的文件默认具有的属性是（   ）。

    A．隐藏   B．只读   C．系统   D．存档

16．下列关于 Windows 磁盘扫描程序的叙述中，只有（   ）是对的。

    A．磁盘扫描程序可以用来检测和修复磁盘

    B．磁盘扫描程序只可以用来检测磁盘，不能修复磁盘

    C．磁盘扫描程序不能检测压缩过的磁盘

    D．磁盘扫描程序可以检测和修复硬盘，软盘和可读写光盘

17．在 Windows 7 中，"资源管理器"图标（   ）。

    A．一定会出现在桌面上   B．可以设置到桌面上

    C．可以通过单击将其显示到桌面上   D．不可能出现在桌面上

18．在 Windows 7 中，剪贴板是用来在程序和文件间传递信息的临时存储区，此存储
区是（   ）的一部分。

    A．回收站   B．硬盘   C．内存   D．软盘

19．在 Windows 7 中，对桌面上的图标排列，下列操作正确的是（   ）。

    A．可以用鼠标拖动或打开快捷菜单对它们的位置加以调整

    B．只能用鼠标拖动它们来调整位置

    C．只能通过某个菜单来调整位置

    D．只需用鼠标在桌面上从屏幕左上角向右下角拖动一次，它们就会重新排列

20．在 Windows 7 中，当任务栏在桌面的底部时，其右端的"指示器"显示的是（　　　）。

    A．"开始"按钮   B．用于多个应用程序之间切换的图标

    C．快速启动工具栏   D．输入法、时钟等信息

21．Windows 7 菜单操作中，如果某个菜单项的颜色暗淡，则表示（　　　）。

    A．只要双击，就能选中   B．必须连续三击，才能选中

    C．单击后，会弹出一个对话框   D．在当前情况下，该项菜单不可用

22．在 Windows 7 中，窗口的最顶部是（　　　）。

    A．标题栏   B．任务栏   C．状态栏   D．工具栏

23．在 Windows 7 中，文件夹窗口标题栏的右端三个图标可以用来（　　　）。

    A．使窗口最小化、最大化和改变显示方式

    B．改变窗口的颜色、大小和背景

    C．改变窗口的大小、形状和颜色

    D．使窗口最小化、最大化和关闭

24．下列关于 Windows 7 的叙述中，错误的是（　　　）。

    A．删除应用程序快捷图标时，会连同其所对应的程序文件一同删除

    B．在"计算机"窗口中，鼠标右键单击一个硬盘或光盘图标时，弹出的是相同的菜单

    C．删除文件夹时，可将此文件夹下的所有文件及子文件夹一同删除

    D．由于 Windows 具有文档驱动功能，双击特定扩展名的文件可启动与该文件类型相关的应用程序

25．在 Windows 7 中，格式化磁盘的操作可使用（　　　）。

    A．鼠标左击磁盘图标，选择"格式化"命令

    B．鼠标右击磁盘图标，选择"格式化"命令

    C．选择"编辑"菜单下的"格式化"命令

    D．选择"工具"菜单下的"格式化"命令

26．在 Windows 7 中，单击"开始"按钮，可以打开（　　　）。

    A．快捷菜单   B．开始菜单   C．下拉菜单   D．对话框

27．在 Windows 7 中，下图所示的 5 个鼠标指针状态，正确的描述是（　　　）。

    A．正常选择、求助、后台运行、等待、精确定位

    B．正常选择、求助、精确定位、等待、后台运行

    C．正常选择、求助、后台运行、精确定位、等待

    D．正常选择、精确定位、求助、等待、后台运行

28．在 Windows 7 中，同时显示多个应用程序窗口的正确方法是（　　　）。

    A．在任务栏空白区单击鼠标右键，在弹出快捷菜单中选"并排显示窗口"命令

    B．在任务栏空白区单击鼠标右键，在弹出快捷菜单中选"排列图标"命令

C．按"Ctrl+Tab"进行排列

D．在资源管理器中进行排列

29．在 Windows 7 文件夹窗口中，选定多个不连续文件的操作为（　　　）。

A．按住"Shift"键，单击每一个要选定的文件图标

B．按住"Ctrl"键，单击每一个要选定的文件图标

C．先选中第一个文件，按住"Shift"键，再单击最后一个要选定的文件图标

D．先选中第一个文件，按住"Ctrl"键，再单击最后一个要选定的文件图标

30．在 Windows 7 文件夹窗口中，选定多个连续文件的操作为（　　　）。

A．按住"Shift"键，单击每一个要选定的文件名

B．按住"Alt"键，单击每一个要选定的文件名

C．先选中第一个文件，按住"Shift"键，再单击最后一个要选定的文件名

D．先选中第一个文件，按住"Ctrl"键，再单击最后一个要选定的文件名

31．在"计算机"窗口中，双击驱动器图标的作用是（　　　）。

A．打开该驱动器窗口　　　　　　　　B．备份文件

C．格式化磁盘　　　　　　　　　　　D．检查磁盘驱动器

32．如下图所示，Windows 7 资源管理器中磁盘前的空心三角符号表示的含义是（　　　）。

A．包含有子文件夹　　　　　　　　　B．备份文件的标记

C．文件夹被压缩的标记　　　　　　　D．系统文件夹的标记

33．在 Windows 7 中，将某应用程序中所选的文本或图形复制到另一个文件中，在"编辑"菜单中可选择的命令是（　　　）。

A．粘贴　　　　B．剪切、粘贴　　　C．复制、粘贴　　　D．选择性粘贴

34．在 Windows 7 中，要把图标设置成超大图标显示方式，应在窗口的（　　　）菜单中设置。

A．文件　　　　　B．编辑　　　　　C．查看　　　　　D．工具

35．在 Windows 7 的资源管理器中，要创建文件夹，应先打开的是（　　　）菜单。

A．文件　　　　　B．编辑　　　　　C．查看　　　　　D．插入

36．在 Windows 7 的某窗口中，在隐藏工具栏的状态下，若要完成剪切/复制/粘贴功能，可以通过（　　　）完成。

A．"查看"菜单中的剪切/复制/粘贴命令

B．"文件"菜单中的剪切/复制/粘贴命令

C．"编辑"菜单中的剪切/复制/粘贴命令

D．"帮助"菜单中的剪切/复制/粘贴命令

37．在 Windows 7 中，打开一个菜单后，其中某菜单项会出现下一级子菜单的标识是（   ）。

    A．菜单项右侧有一组英文提示   B．菜单项右侧有一个黑色三角形

    C．菜单项左侧有一个黑色圆点   D．菜单项左侧有一个"√"符号

38．在 Windows 7 控制面板中，使用"程序和功能"的作用是（   ）。

    A．设置字体   B．设置显示属性

    C．安装未知新设备   D．卸载/更新程序

39．在 Windows 7 中，对桌面背景的设置可以通过（   ）。

    A．鼠标右键单击"计算机"图标，在弹出的快捷菜单中选择"属性"项

    B．鼠标右键单击"开始"菜单

    C．鼠标右键单击桌面空白区，在弹出的快捷菜单中选择"个性化"项

    D．鼠标右键单击任务栏空白区，在弹出的快捷菜单中选择"属性"项

40．在 Windows 7 中，快速获得硬件的有关信息可通过（   ）。

    A．鼠标右键单击桌面空白区，在弹出的快捷菜单中选择"属性"项

    B．鼠标右键单击"开始"菜单

    C．鼠标右键单击"计算机"图标，在弹出的快捷菜单中选择"属性"项

    D．鼠标右键单击任务栏空白区，在弹出的快捷菜单中选择"属性"项

41．在 Windows 7 中，可以查看系统性能状态和硬件设置的方法是（   ）。

    A．打开"资源管理器"窗口

    B．在桌面上双击"计算机"图标

    C．在"控制面板"中双击"系统"图标

    D．在"控制面板"中双击"添加新硬件"图标

42．在 Windows 7 中，要打开"文件属性"对话框，应先选定文件，然后（   ）。

    A．单击"文件"菜单中的"属性"项

    B．单击"编辑"菜单中的"属性"项

    C．单击"查看"菜单中的"属性"项

    D．单击"工具"菜单中的"属性"项

43．Windows 7 中，在输入法列表框中选定一种汉字输入法，屏幕上就会出现一个与该输入法相应的（   ）。

    A．汉字字体列表框   B．汉字字号列表框

    C．汉字输入编码框   D．汉字输入法状态栏

44．在 Windows 7 中，不能实现改变系统中的日期和时间的操作是（   ）。

    A．在任务栏右下角时钟位置右击鼠标，在弹出的快捷菜单中选择"调整日期/时间"选项

    B．单击打开"开始"菜单中的"控制面板"窗口，选择"日期/时间"选项

    C．在桌面窗口空白处单击鼠标右键，在弹出的快捷菜单中调整

    D．单击屏幕右下角的时钟日期，在弹出的窗口中选择"更改日期和时间设置"选项

45. 在 Windows 7 中，"写字板"是一种（　　）。

    A．字处理软件　　　B．画图工具　　　C．网页编辑器　　　D．造字程序

46. 在 Windows 7 中，"写字板"文件默认的扩展名是（　　）。

    A．.txt　　　　　　B．.rtf　　　　　　C．.wri　　　　　　D．.bmp

47. 在 Windows 7 中，在"记事本"中保存的文件，系统默认的文件扩展名是（　　）。

    A．.txt　　　　　　B．.doc　　　　　　C．.wps　　　　　　D．.dos

48. 在 Windows 7 中，"画图"文件默认的扩展名是（　　）。

    A．.crd　　　　　　B．.txt　　　　　　C．.wri　　　　　　D．.bmp

49. 在 Windows 7 中，要使用计算器计算 5 的 3 次方（5^3）的值，应选择（　　）计算器。

    A．标准型　　　　　B．统计型　　　　　C．高级型　　　　　D．科学型

50. 在 Windows 7 中，对已经格式化过的磁盘（　　）。

    A．能做普通格式化，不能做快速格式化

    B．不能做普通格式化，能做快速格式化

    C．既不能做普通格式化，也不能做快速格式化

    D．既能做普通格式化，也能做快速格式化

51. 下列操作中，能把剪贴板上的信息粘贴到某个文档窗口插入点处的组合键为（　　）。

    A．Ctrl+C　　　　B．Ctrl+V　　　　C．Ctrl+X　　　　D．Ctrl+Z

52. 在下列关于线程的说法中，错误的是（　　）。

    A．线程又被称为轻量级的进程

    B．线程是所有操作系统分配 CPU 时间的基本单位

    C．有些进程只包含一个线程

    D．把进程再"细分"成线程的目的是更好地实现并发处理和共享资源

53. 操作系统是现在计算机系统不可缺少的组成部分，它负责管理计算机的（　　）。

    A．程序　　　　　　B．功能　　　　　　C．资源　　　　　　D．进程

54. 在 Windows 的"资源管理器"窗口左部，单击文件夹图标左侧的空心三角符号后，屏幕上显示结果的变化是（　　）。

    A．该文件夹的下级文件夹显示在窗口中

    B．将展开该文件夹的下级文件夹

    C．将只显示该文件夹中的文件

    D．将折叠该文件夹，不再显示下级文件夹

55. 在 Windows 7 中，单击"显示属性"对话框中的（　　）选项卡，可设置和预览屏幕保护程序，还可以设置显示器的节能特征。

    A．外观　　　　　　B．效果　　　　　　C．设置　　　　　　D．屏幕保护程序

56. 在 Windows 中，下列文件名正确的是（　　）。

    A．MyMusiwav　　B．File1|File2　　C．A<>txt　　　　D．A*DOC

57. 在 Windows 7 中，可以用"回收站"恢复（　　）上被删除的文件。

    A．软盘　　　　　　B．可移动磁盘　　　C．光盘　　　　　　D．硬盘

58．Windows 7 中的画图程序不具备的功能是（　　　　）。

　　A．翻转/旋转　　　　B．拉伸/扭曲　　　　C．锐化　　　　D．调整大小

59．在启动 Windows 时，桌面上会出现不同的图标。双击（　　）图标可浏览计算机上的所有内容。

　　A．计算机　　　　B．网上邻居　　　　C．收件箱　　　　D．回收站

60．在下列关于实用程序的说法中，错误的是（　　　　）。

　　A．实用程序完成一些与计算机系统资源及文件有关的任务

　　B．有些实用程序用于处理计算机运行过程中发生的各种问题

　　C．有些实用程序是为了用户能更容易更方便地使用计算机

　　D．实用程序都是独立于操作系统的程序

61．在搜索文件及文件夹时，若用户输入"*.*"，则将搜索（　　　　）。

　　A．所有含有*的文件　　　　　　　　B．所有文件名中含有*的文件

　　C．所有文件　　　　　　　　　　　　D．以上全不对

62．Windows 操作系统规定文件名中，不能含有的符号是（　　　　）。

　　A．\ / : * ? # < > $　　　　　　　　B．\ / : * ? " < > $

　　C．\ / : * ? " < > | `　　　　　　　　D．\ / : * ? " < > |

63．若要将选定的多个文件从 C 盘移动到 D 盘，正确的操作是（　　　　）。

　　A．直接用鼠标将选定的 C 盘上的多个文件拖拽到 D 盘

　　B．按住 Ctrl 键的同时，用鼠标将选定的多个文件拖拽到 D 盘

　　C．按住 Shift 键的同时，用鼠标将选定的多个文件拖拽到 D 盘

　　D．按住 Alt 键的同时，用鼠标将选定的多个文件拖拽到 D 盘

64．为了方便用户操作，Windows 7 把一些常用操作以图标按钮的形式放在（　　　　）上。

　　A．状态栏　　　　B．标题栏　　　　C．工具栏　　　　D．窗口

65．在 Windows 中，如果打开了多个应用程序窗口，则用键盘切换（激活）应用程序窗口的组合键是（　　　　）。

　　A．Ctrl + Tab　　　　B．Ctrl + F4　　　　C．Alt + Tab　　　　D．Alt + F4

66．在 Windows 的网络方式中若要打开其他计算机中的文档时，输入地址的完整格式是（　　　　）。

　　A．\\计算机名\路径名\文档名　　　　　B．文档名\路径名\计算机名

　　C．\计算机名\路径名\文档名　　　　　D．\计算机名 路径名 文档名

67．在 Windows 中，按组合键（　　　　）可以打开"开始"菜单。

　　A．Ctrl+O　　　　B．Ctrl+Esc　　　　C．Ctrl+空格键　　　　D．Ctrl+Tab

68．下列关于 Windows 文件夹窗口的说法不正确的是（　　　　）。

　　A．文件夹是用来存放文件和子文件夹的

　　B．双击文件夹图标即可打开一个文件夹窗口

　　C．单击文件夹图标即可打开一个文件夹窗口

　　D．文件夹窗口用于显示该文件夹中的文档组成内容和组织方式

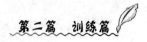

69．在编辑文档时，如果要使用键盘删除文字，按（　　）键，会删除光标所在位置后面的一个字符。

　　A．Alt　　　　　　B．Ctrl　　　　　　C．Delete　　　　　D．BackSpace

70．在 Windows 7 中，如果菜单命令旁带有（　　）符号，则表示选择该命令将弹出一个对话框，以期待用户输入必要的信息或作进一步的选择。

　　A．！　　　　　　B．＊　　　　　　　C．#　　　　　　　D．…

71．下列关于 Windows 回收站的叙述中，错误的是（　　）。

　　A．所有逻辑硬盘上被删除的信息都存放在回收站中

　　B．每个逻辑硬盘上回收站的大小可以分别设置

　　C．当硬盘空间不够使用时，系统自动使用回收站所占据的空间

　　D．回收站中的文件和文件夹可以清除，也可以还原

72．在 Windows 中，为了进行显示器的设置，下列操作中正确的是（　　）。

　　A．用鼠标右键单击"任务栏"空白处，在弹出的快捷菜单中选择"属性"项

　　B．用鼠标左键在"控制面板"窗口中双击"显示"图标进行设置

　　C．用鼠标右键单击"计算机"窗口空白处，在弹出的快捷菜单中选择"属性"项

　　D．用鼠标右键单击"我的文档"图标，在弹出的快捷菜单中选择"属性"项

73．在下列关于处理器管理的说法中，正确的是（　　）。

　　A．CPU 在某一时刻可同时运行多个程序

　　B．所有的操作系统都以进程为单位分配 CPU

　　C．一个进程可以同时执行一个或几个程序

　　D．当一个处于挂起状态的进程所需的资源满足后就进入了执行状态

74．在 Windows 中，要弹出某一对象的快捷菜单，可在该对象上（　　）。

　　A．单击鼠标左键　　B．单击鼠标右键　　C．双击鼠标左键　　D．双击鼠标右键

75．在 Windows 中，窗口右上角带有"－"符号的按钮的功能是（　　）。

　　A．关闭窗口　　　　B．打开窗口　　　　C．最小化窗口　　　D．最大化窗口

76．以下哪种操作不能用于关闭一个窗口（　　）。

　　A．按下"Alt＋F4"键　　　　　　　　B．双击窗口的控制菜单

　　C．双击窗口的标题栏　　　　　　　　D．单击窗口的关闭按钮

77．在 Windows 中，使用中文输入法时快速切换中英文符号的组合键是（　　）。

　　A．Ctrl+空格键　　B．Ctrl+Shift　　　C．Shift+空格键　　D．Ctrl+Alt

78．以下关于文件夹的说法正确的是（　　）。

　　A．允许同一文件夹中的文件同名，也允许不同文件夹中的文件同名

　　B．不允许同一文件夹中的文件以及不同文件夹中的文件同名

　　C．允许同一文件夹中的文件同名，不允许不同文件夹中的文件同名

　　D．不允许同一文件夹中的文件同名，允许不同文件夹中的文件同名

79．用 Windows "画图"程序创建的位图图片，其文件扩展名为（　　）。

　　A．.jpg　　　　　　B．.avi　　　　　　C．.bmp　　　　　　D．.gif

80. 在微型计算机中如果只有一个软盘驱动器，在"计算机"窗口中显示该软盘驱动器的符号为（   ）。

  A. A: B. B: C. C: D. D:

81. 对于一组多选项，用户（   ）。

  A. 可以全部不选   B. 可以全部选定

  C. 可以选定其中若干项   D. 上述三项均可

82. 在 Windows 中，要实现文件或文件夹的快速移动与复制，可使用鼠标的（   ）。

  A. 单击   B. 双击   C. 拖放   D. 移动

83. 在 Windows 7 中，文件夹的显示方式有（   ）种。

  A. 5   B. 6   C. 7   D. 8

84. 在 Windows 文件夹窗口中，通过（   ）可以按文件大小排序

  A. 鼠标左键单击快捷菜单中的"排序方式"项

  B. 鼠标左键双击快捷菜单中的"排序方式"项

  C. 鼠标右键单击快捷菜单中的"排序方式"项

  D. 鼠标右键双击快捷菜单中的"排序方式"项

85. 在 Windows 中，选定某个文件只需（   ）。

  A. 用鼠标左键单击指定的文件即可

  B. 用鼠标右键单击指定的文件即可

  C. 用鼠标左键双击指定的文件即可

  D. 用鼠标右键双击指定的文件即可

86. 对 Windows 的文件搜索功能的描述，下面哪一项是错误的（   ）。

  A. 搜索出具有指定文件名的文件在哪一个文件夹或驱动器

  B. 搜索出在某一时间创建或修改的文件

  C. 搜索出具有指定文件类型的文件

  D. 搜索出具有指定文件名的文件能用什么工具软件打开

87. 在 Windows 的"计算机"窗口中，若已选定硬盘上的文件或文件夹，并按了 Shift+Del 组合键和"是"按钮，则该文件或文件夹将（   ）。

  A. 被删除并放入回收站   B. 不被删除也不放入回收站

  C. 被删除但不放入回收站   D. 不被删除但放入回收站

88. 在 Windows 中，要安装一个应用程序，正确的操作应该是（   ）。

  A. 打开"资源管理器"窗口，使用鼠标拖动

  B. 双击打开应用程序的安装程序

  C. 打开 MS-DOS 窗口，使用 copy 命令

  D. 打开"开始"菜单，选中"运行"项，在弹出的"运行"对话框中输入 copy 命令

89. 在 Windows 中，用"创建快捷方式"创建的图标（   ）。

  A. 可以是任何文件或文件夹 B. 只能是可执行程序或程序组

  C. 只能是单个文件   D. 只能是程序文件和文档文件

90．若将一个应用程序添加到"开始"菜单的（　　）项中，则启动 Windows 将自动启动该程序。

　　A．控制面板　　　　B．启动　　　　　C．文档　　　　　D．程序

91．在对话框中，允许同时选中多个选项的是（　　）。

　　A．单选框　　　　　B．复选框　　　　C．列表框　　　　D．命令按钮

92．在 Windows 中，屏幕上可以同时打开多个窗口，它们的排列方式是（　　）。

　　A．既可以堆叠，也可以层叠　　　　　B．只能堆叠，不能层叠

　　C．只能层叠，不能堆叠　　　　　　　D．只能由系统决定，用户无法更改

93．在 Windows 中，"复制"的快捷键是（　　）。

　　A．Ctrl+A　　　　　B．Ctrl+V　　　　C．Ctrl+C　　　　D．Ctrl+X

94．在 Windows 中，窗口的状态栏位于窗口的（　　）。

　　A．最底端　　　　　B．最顶端　　　　C．自由调整　　　D．以上都错

95．在 Windows 中，（　　）操作不能关闭应用程序。

　　A．单击应用程序窗口右上角的"关闭"按钮

　　B．单击"任务栏"上的窗口图标

　　C．单击"文件"菜单，选择"退出"命令

　　D．按"Alt+F4"快捷键

96．若文本文件 score 存放在 C 盘 file 文件夹下，它的文件标识符为（　　）。

　　A．C;\score/file.exe　　　　　　　B．C:/file/score.txt

　　C．C;\score\file.exe　　　　　　　D．C:\file\score.txt

97．Windows 中的即插即用是指（　　）。

　　A．在设备测试中帮助安装和配置设备

　　B．使操作系统更易使用、配置和管理设备

　　C．系统状态动态改变后以事件方式通知其他系统组件和应用程序

　　D．以上都对

98．在 Windows 中，运行一个程序可以（　　）。

　　A．使用"开始"菜单中"运行"选项

　　B．使用资源管理器

　　C．使用桌面上已建立的快捷方式图标

　　D．以上都可以

99．在 Windows 中，通过"开始"菜单内"所有程序"选项可以（　　）。

　　A．新建应用程序　　　　　　　　　B．安装应用程序

　　C．打开应用程序　　　　　　　　　D．以上都不对

100．Windows 资源管理器窗口分左、右窗格，右窗格是用来（　　）。

　　A．显示活动文件夹中包含的文件夹或文件

　　B．显示被删除文件夹中包含的文件夹或文件

　　C．显示被复制文件夹中包含的文件夹或文件

　　D．显示新建文件夹中包含的文件夹或文件

101. "数据备份"中的数据一般包括（　　　）。

    A. 内存中的各种数据

    B. 各种程序文件和数据文件

    C. 存放在 CD-ROM 上的数据

    D. 内存中各种数据，程序文件和数据文件

102. 下面关于 Windows 中滚动条的叙述，（　　　）是不正确的。

    A. 通过单击滚动条上的滚动箭头实现单步滚动

    B. 通过拖动滚动条上的滚动块可以实现快速滚动

    C. 滚动条有水平滚动条和垂直滚动条两种

    D. 每个窗口上都具有滚动条

103. 在 Windows 中，当一个窗口最大化后，下列操作不能实现的是（　　　）。

    A. 最小化窗口　　　　　　　　　　B. 还原窗口到原大小

    C. 关闭窗口　　　　　　　　　　　D. 任意改变窗口大小

104. 使用 Windows "录音机"录制的声音文件的扩展名是（　　　）。

    A. .xls　　　　　　B. .wav　　　　　　C. .bmp　　　　　　D. .doc

105. 在 Windows 中，有些菜单选项为灰色显示，这意味着这些菜单选项（　　　）。

    A. 没用　　　　　B. 暂时不可用　　　C. 提醒用户小心使用　　D. 可照常使用

106. 在 Windows 中，用户（　　　）。

    A. 最多只能打开一个应用程序窗口

    B. 最多只能打开一个应用程序窗口和一个文档窗口

    C. 最多只能打开一个应用程序窗口，而文档窗口可以打开多个

    D. 可以打开多个应用程序窗口和多个文档窗口

107. 在 Windows 中，有些菜单选项的前面有打勾记号，意味着这些菜单选项（　　　）。

    A. 对应的功能正在起作用　　　　　B. 对应的功能未起作用

    C. 提醒用户小心使用　　　　　　　D. 提醒用户重点使用

108. 对于 Windows 桌面属性的设置（　　　）。

    A. 可以改变桌面背景

    B. 可以改变桌面的外观

    C. 可以按要求更改屏幕的显示属性（如显示的分辨率、字体的大小等）

    D. 以上三项均可

109. Windows 界面的基本部件是（　　　）。

    A. 窗口、菜单和对话框　　　　　　B. 窗口、菜单和鼠标指针

    C. 菜单、对话框和鼠标指针　　　　D. 窗口、对话框和鼠标指针

110. 下列是关于 Windows 文件名的叙述，错误的是（　　　）。

    A. 文件名中允许使用汉字　　　　　B. 文件名中允许使用多个圆点分隔符

    C. 文件名中允许使用空格　　　　　D. 文件名中允许使用竖线"|"

111. 在 Windows 中，"任务栏"的作用是（　　　）。

    A. 显示系统的所有功能　　　　　　B. 只显示当前活动窗口名

    C. 只显示正在后台工作的窗口名　　D. 实现窗口之间的切换

112. 利用剪贴板可以完成文件的复制操作，此时剪贴板的作用是（　　）。

    A．数据处理的地方　　　　　　　B．信息加工的场所

    C．暂时存放数据的地方　　　　　D．信息收集的工具

113. 在 Windows 中，用来移动对象在屏幕上的位置的鼠标操作是（　　）。

    A．单击　　　　　B．双击　　　　　C．拖动　　　　　D．指向

114. Windows 7 操作系统属于（　　）。

    A．单用户单任务操作系统　　　　B．多用户多任务操作系统

    C．单用户多任务操作系统　　　　D．多用户单任务操作系统

115. 在 Windows 中，下列叙述正确的是（　　）。

    A．当用户为应用程序创建了快捷方式时，就是将应用程序增加一个备份

    B．关闭一个窗口就是将该窗口正在运行的程序转入后台运行

    C．桌面上的图标完全可以按用户的意愿重新排列

    D．一个应用程序窗口只能显示一个文档窗口

116. 在 Windows 中，下面（　　）概念是错误的。

    A．各种汉字输入法的切换，可按"Ctrl+Shift"组合键来实现

    B．全角和半角状态可按"Shift+Space"组合键来切换

    C．汉字输入方法可按"Ctrl+Space"组合键切换

    D．在汉字输入状态时，想退出汉字输入法，可按"Alt+Space"组合键来实现

117. 在 Windows 中，下列说法错误的是（　　）。

    A．自动支持所有的打印机

    B．必须安装相应打印机的驱动程序后才能打印

    C．对某些外部设备可以"即插即用"

    D．支持后台打印

118. 在 Windows 中，窗口的控制菜单弹出以后，要恢复原态，则应（　　）。

    A．在菜单区域内单击鼠标左键　　B．在菜单区域外单击鼠标左键

    C．在菜单区域内单击鼠标右键　　D．在菜单区域外移动鼠标

119. 在 Windows 中为了重新排列桌面上的图标，首先应进行的操作是（　　）。

    A．用鼠标右键单击桌面空白处　　B．用鼠标右键单击"任务栏"空白处

    C．用鼠标右键单击已打开窗口空白处D．用鼠标左键双击桌面空白处

120. 在 Windows 中，若在某一文档中连续进行了多次剪切操作，当关闭该文档后，"剪贴板"中存放的是（　　）。

    A．空白　　　　　　　　　　　　B．所有剪切过的内容

    C．最后一次剪切的内容　　　　　D．第一次剪切的内容

121. 在 Windows 的"资源管理器"窗口中，其左部窗口中显示的是（　　）。

    A．当前打开的文件夹的内容　　　B．系统的文件夹树

    C．当前打开的文件夹名称及其内容　D．当前打开的文件夹名称

122. 微型计算机键盘上的"Shift"键称为（　　）。

    A．回车键　　　　B．退格键　　　　C．换档键　　　　D．控制键

123. Windows 中，对文件和文件夹的管理是通过（　　　）来实现的。
    A. 对话框　　　　　　　　　　　B. 剪贴板
    C. 控制面板　　　　　　　　　　D. 资源管理器或计算机

124. 如果鼠标器突然失灵，则可用组合键（　　　）来关闭一个正在运行的应用程序。
    A. Alt+F4　　　　B. Ctrl+F4　　　　C. Shift+F4　　　　D. Alt+Shift+F4

125. 在 Windows 中，新建文件夹的错误操作是（　　　）。
    A. 在资源管理器窗口中，单击"文件"菜单中"新建"子菜单中的"文件夹"
       命令
    B. 在资源管理器的文件夹窗口的任意空白处单击鼠标右键，选择快捷菜单中"新
       建"子菜单中的"文件夹"命令
    C. 在 Word 程序窗口中，单击"文件"菜单中的"新建"命令
    D. 在"计算机"的某驱动器或用户文件夹窗口中，单击"文件"菜单中"新建"
       子菜单中的"文件夹"命令

126. 用拼音或五笔字型输入法输入单个汉字时，使用的字母键（　　　）。
    A. 必须是大写　　　　　　　　　B. 必须是小写
    C. 大写或小写　　　　　　　　　D. 大写或小写混合使用

127. 在 Windows 7 资源管理器窗口中，要查看一个文件的属性，应利用（　　）菜单。
    A. 运行　　　　B. 文件　　　　C. 查看　　　　D. 编辑

128. Windows 中，回收站实际上是（　　　）。
    A. 内存区域　　　　　　　　　　B. 硬盘上的文件夹
    C. 文档　　　　　　　　　　　　D. 一个应用程序

129. Windows 主要利用窗口、菜单、图标、（　　　）组织的窗口画面与用户交互。
    A. 命令行　　　　B. 鼠标图标　　　　C. 对话框　　　　D. 标题栏

130. 窗口的移动操作是将鼠标光标移到标题栏的位置，（　　　）然后拖拽到目的位置
后放开。
    A. 按住左键　　　　B. 按住右键　　　　C. 双击左键　　　　D. 双击右键

131. 在中文输入时，下列操作中不能进行中英文切换的是（　　　）。
    A. 用鼠标左键单击中英文切换按钮　　B. 用"Ctrl+空格键"
    C. 用语言指示器菜单　　　　　　　　D. 用"Shift+空格键"

132. 在下列关于虚拟内存的说法中，正确的是（　　　）。
    A. 如果一个程序的内存超过了计算机所拥有的容量，则该程序不能执行
    B. 在 Windows 中，虚拟内存的大小是固定不变的
    C. 虚拟内存是指模拟硬盘空间的那部分内存
    D. 虚拟内存的最大容量与 CPU 的寻址能力有关

133. 用鼠标（　　　）"计算机"图标，显示本地磁盘、光盘和优盘等信息。
    A. 左键单击　　　　B. 左键双击　　　　C. 右键单击　　　　D. 右键双击

134. 不属于内存管理的功能是（　　　）。
    A. 存储器分配　　　B. 地址的转换　　　C. 硬盘空间管理　　　D. 信息的保护

135．在 Windows "开始"菜单中的"最近使用的项目"菜单中存放的是（　　）。

　　A．最近建立的文件　　　　　　　　B．最近打开过的文件夹

　　C．最近打开过的文件　　　　　　　D．最近运行过的程序

136．在 Windows 中，能弹出对话框的操作是（　　）。

　　A．选择了带省略号的菜单项　　　　B．选择了带向右三角形箭头的菜单项

　　C．选择了颜色变灰的菜单项　　　　D．双击了菜单项

137．如果使用"磁盘清理"工具，应选择"开始"菜单的"所有程序"选项中的"附件"项下的（　　）将其打开。

　　A．系统工具　　　　B．辅助工具　　　　C．娱乐　　　　D．通讯

138．在 Windows "资源管理器"窗口右部已经选定所有文件，如果要取消其中几个文件的选定，应进行的操作是（　　）。

　　A．用鼠标左键依次单击各个要取消选定的文件

　　B．按住"Ctrl"键，再用鼠标左键依次单击各个要取消选定的文件

　　C．按住"Shift"键，再用鼠标左键依次单击各个要取消选定的文件

　　D．用鼠标右键依次单击各个要取消选定的文件

139．即插即用的含义是指（　　）。

　　A．不需要 BIOS 支持即可使用硬盘

　　B．Windows 系统所能使用的硬件

　　C．安装在计算机上不需要配置任何驱动程序就可使用的硬件

　　D．硬件安装在计算机上后，系统会自动识别并完成驱动程序的安装和配置

140．用鼠标右击桌面上的空白位置，在弹出的菜单中选择"个性化"命令后会弹出一个对话框，以下哪一项任务不是这个对话框所能完成的（　　）。

　　A．设定"开始"菜单　　　　　　　　B．改变桌面的壁纸

　　C．改变屏幕的分辨率　　　　　　　D．设定显示卡驱动程序

141．以下关于打印机的说法中不正确的是（　　）。

　　A．如果打印机图标旁有了复选标记，则已将该打印机设置为默认打印机

　　B．可以设置多台打印机为默认打印机

　　C．在打印机管理器中可以安装多台打印机

　　D．在打印时可以更改打印队列中尚未打印文档的顺序

142．用鼠标拖放功能实现文件或文件夹的快速复制时，正确的操作是（　　）。

　　A．按住鼠标左键将文件或文件夹复制到目的文件夹上

　　B．按住 Ctrl 键和鼠标左键将文件或文件夹复制到目的文件夹上

　　C．按住 Shift 键和鼠标左键将文件或文件夹复制到目的文件夹上

　　D．按住鼠标右键将文件或文件夹复制到目的文件夹上

143．在 Windows 画图程序中，如果用选定的填充模式画一个边框颜色为蓝色的红色图形（实心圆），用鼠标选取颜色操作为（　　）。

　　A．先用左按钮单击红色，然后用右按钮单击红色

　　B．先用左按钮单击蓝色，然后用右按钮单击蓝色

C. 先用左按钮单击红色，然后用右按钮单击蓝色

D. 先用左按钮单击蓝色，然后用右按钮单击红色

144. 在中文 Windows 中包含的汉字库文件是用于解决（　　）问题的。

A. 用户输入的汉字在计算机内的存储

B. 汉字输入的键盘编码

C. 汉字识别

D. 汉字输出

145. 以下对 Windows 文件名取名规则的描述哪一个是不正确的（　　）。

A. 文件名的长度可以超过 11 个字符　　B. 文件的取名可以用中文

C. 在文件名中不能有空格　　　　　　　D. 文件名的长度不能超过 255 个字符

146. 桌面上有各种图标，图标在桌面上的位置是（　　）。

A. 不能移动

B. 可以移动，但只能由 Windows 系统完成

C. 可以移动，既可由 Windows 系统完成，又可由用户自己完成

D. 可以移动，但只能由用户自己完成

147. 在"计算机"或"资源管理器"窗口中，若要对窗口中的内容按照名称、类型、日期、大小排列，应该使用（　　）菜单。

A. 查看　　　　　B. 工具　　　　　C. 编辑　　　　　D. 文件

148. Windows 中，下列关于"任务"的说法，错误的是（　　）。

A. 只有一个前台任务

B. 可以有多个后台任务

C. 如果不将后台任务变为前台任务，则它不可能完成

D. 可以将前台任务变为后台任务

149. 若想立即删除文件或文件夹，而不将它们放入回收站，则实行的操作是（　　）。

A. 按"Delete"键

B. 按"Shift+Delete"组合键

C. 打开快捷菜单，选择"删除"命令

D. 在"文件"菜单中选择"删除"命令

150. 在 Windows 的菜单中，有的菜单选项右端有一个向右的箭头，表示该菜单项（　　）。

A. 已被选中　　　　　　　　　　B. 还有子菜单

C. 将弹出一个对话框　　　　　　D. 是无效菜单项

151. 在 Windows 的菜单中，有的菜单选项右端有符号"…"，表示该菜单项（　　）。

A. 已被选中　　　　　　　　　　B. 还有子菜单

C. 将弹出一个对话框　　　　　　D. 是无效菜单项

152. 下面有关快捷菜单操作的描述中，正确的是（　　）。

A. 选定需要操作的对象，单击鼠标右键，屏幕上就会弹出快捷菜单

B. 选定需要操作的对象，单击鼠标左键，屏幕上就会弹出快捷菜单

C. 选定需要操作的对象，双击鼠标左键，屏幕上就会弹出快捷菜单

D. 按"Ctrl"键或单击桌面或窗口上的任一空白区域，都可以退出快捷菜单

153. Windows 提供了长文件命名方法，一个文件名的长度最多可达到（　　）个字符。

A. 128　　　　　B. 256　　　　　C. 8　　　　　D. 255

154. 在 Windows 中，有些文件的内容比较多，即使窗口最大化，也无法在屏幕上完全显示出来，此时可利用窗口（　　）来阅读文件内容。

A. 窗口边框　　　B. 控制菜单　　　C. 滚动条　　　D. 最大化按钮

155. 在 Windows 中，若将鼠标指针移到一个窗口的边缘时，便会变为一个双向箭头，表明（　　）。

A. 可以改变窗口的大小形状

B. 可以移动窗口的位置

C. 既可以改变窗口大小，又可以移动窗口位置

D. 既不可以改变窗口大小，也不可以移动窗口位置

156. 在 FAT32 文件系统中，磁盘空间的分配单位是（　　）。

A. 字节　　　　　B. 扇区　　　　　C. 簇　　　　　D. 磁道

157. 在下列关于设备管理的说法中，正确的是（　　）。

A. 所谓即插即用就是指没有驱动程序仍然能使用设备的技术

B. 高速缓存是一种速度比普通内存更快的特殊内存

C. UPnP 是针对所有设备提出的技术

D. 有了 UPnP 技术后，PnP 技术将逐步淘汰

158. 在 Windows 中，利用打印机管理器，可以查看打印队列中文档的有关信息，其中文档的时间和日期是指（　　）。

A. 文档建立时间和日期

B. 文档最初修改的时间和日期

C. 文档最后修改的时间和日期

D. 文档传送到打印机管理器的时间和日期

159. 在 Windows 中，借助剪贴板可以在两个应用程序之间传递信息，在源文件中选定要传递的信息，从"编辑"菜单中选择（　　）命令，将插入点置于目标。

A. 清除、粘贴　　B. 剪切、复制　　C. 复制、粘贴　　D. 粘贴、剪切

160. Windows 的"回收站"是（　　）。

A. 存放重要系统文件的容器　　　　B. 存放打开文件的容器

C. 存放已删除文件的容器　　　　　D. 存放长期不使用文件的容器

161. 在 Windows 中，为了快速实现全角与半角状态之间的切换，应当按的组合键是（　　）。

A. Ctrl+空格键　　B. Ctrl+Shift　　C. Shift+回车键　　D. Shift+空格键

162. 用鼠标双击窗口的标题栏，则（　　）。

A. 关闭窗口　　　　　　　　　　　B. 最小化窗口

C. 移动窗口的位置　　　　　　　　D. 改变窗口的大小

163．用鼠标双击窗口的标题栏左端的控制菜单，则（　　　　）。

    A．最大化窗口   B．最小化窗口   C．关闭窗口   D．改变窗口的大小

164．若有多个窗口同时打开，要在窗口之间切换，可以（　　　　）。

    A．按"Tab"键   B．单击任务按钮

    C．按"Shift+Esc"组合键   D．双击任务栏空白处

165．在编辑文档过程中，如果要使用键盘将光标迅速移到一行文字的末尾，应该使用（　　　　）键。

    A．End   B．Space   C．PageUp   D．PageDown

166．软件由程序、（　　　）和文档三部分组成。

    A．计算机   B．工具   C．语言处理程序   D．数据

167．关于功能键，下列描述不正确的是（　　　　）。

    A．按一个功能键，可以完成非常复杂的功能

    B．在不同应用程序中，同一个功能可能会有不同的作用

    C．功能键的具体功能与应用环境有关

    D．功能键的功能是一直不变的

168．下列软件中，不属于应用软件的是（　　　　）。

    A．Windows   B．Word   C．Excel   D．PowerPoint

169．在 Windows 中，选定一个文件，单击鼠标右键，在弹出的快捷菜单中包括（　　　　）。

    A．刷新   B．复制   C．粘贴   D．插入

170．下列文件类型中，不属于丰富格式文本的文件类型是（　　　　）。

    A．DOC 文件   B．PDF 文件   C．TXT 文件   D．HTML 文件

171．在 Windows 中，要把窗口中的图标直接复制到桌面上，正确的操作是（　　　　）。

    A．先按住"Ctrl"键不放，用鼠标左键将窗口中的图标拖动到桌面的指定位置，再释放"Ctrl"键和鼠标

    B．先按住"Shift"键不放，用鼠标左键将窗口中的图标拖动到桌面的指定位置，再释放"Shift"键和鼠标

    C．先按住"Alt"键不放，用鼠标左键将窗口中的图标拖动到桌面的指定位置，再释放"Alt"键和鼠标

    D．先按住"Shift"键不放，用鼠标右键将窗口中的图标拖动到桌面的指定位置，再释放"Shift"键和鼠标

172．在 Windows 中有两个管理系统资源的程序组，它们是（　　　　）。

    A．"计算机"和"控制面板"   B．"资源管理器"和"控制面板"

    C．"计算机"和"资源管理器"   D．"开始"菜单和"控制面板"

173．在 Windows 中，一个文件夹中可以包含（　　　　）。

    A．文件   B．文件夹

    C．快捷方式   D．以上三个都可以

174．文件夹中不可存放（　　　　）。

    A．文件   B．多个文件   C．文件夹   D．字符

175. 在 Windows 中，正常状态下，用鼠标右键单击一个对象时，会（　　）。
    A．弹出该对象的快捷菜单　　　　B．打开该对象
    C．关闭该对象　　　　　　　　　D．没有任何反应

176. 一个文件的路径是用来描述（　　）。
    A．文件存在哪个磁盘上　　　　　B．文件在磁盘的目录位置
    C．程序的执行步骤　　　　　　　D．用户操作步骤

177. 下列关于磁盘格式化的叙述中，正确的一项是（　　）。
    A．磁盘经过格式化后，就能在任何计算机系统上使用
    B．新磁盘不进行格式化照样可以使用，但进行格式化后磁盘的读写数据速度快
    C．新磁盘必须进行格式化后才能使用，对旧磁盘进行格式化将删除磁盘上原有的内容
    D．磁盘只能进行一次格式化

178. 在下列操作系统中，属于分时系统的是（　　）。
    A．UNIX　　　　B．MS-DOS　　　　C．Windows 7　　　　D．Novell NetWare

179. Windows 的"回收站"存放的只能是（　　）。
    A．所有外存储器上被删除的文件和文件夹
    B．优盘上被删除的文件和文件夹
    C．硬盘上被删除的文件和文件夹
    D．硬盘和优盘上被删除的文件和文件夹

180. 在某些菜单中，菜单项右侧括号内带有下划线的英文字符，称为热键。用户从键盘上选择该热键就是按（　　）。
    A．"Alt"+对应的英文字符　　　　B．"Tab"+对应的英文字符
    C．"Shift"+对应的英文字符　　　 D．"Ctrl"+对应的英文字符

181. 在 Windows 中，鼠标是重要的输入设备，而键盘（　　）。
    A．只能配合鼠标，在输入中起辅助作用
    B．根本不起作用
    C．也能完成几乎所有操作
    D．只能在菜单操作中使用，不能在窗口操作中使用

182. 用户启动"开始"按钮后，会看到"开始"菜单中包含一组命令，其中"所有程序"项的作用是（　　）。
    A．显示可运行程序的清单　　　　B．表示要开始编写的程序
    C．表示开始执行程序　　　　　　D．显示网络传送来的最新程序的清单

183. 使用 Windows 提供的搜索功能找不到的应用程序有（　　）。
    A．文件夹　　　　　　　　　　　B．网络中的计算机
    C．文件　　　　　　　　　　　　D．已被删除但仍在回收站中的应用程序

184. 在 Windows 中，鼠标的拖放操作是指（　　）。
    A．移动鼠标使鼠标指针出现在屏幕的某个位置
    B．按住鼠标按钮，移动鼠标把鼠标指针移到某个位置后释放按钮

C. 按下并快速地释放鼠标按钮

    D. 快速连续地两次按下并释放鼠标按钮

185. 在 Windows 中，鼠标的单击操作是指（　　　）。

    A. 移动鼠标使鼠标指针出现在屏幕的某个位置

    B. 按住鼠标按钮，移动鼠标把鼠标指针移到某个位置后释放按钮

    C. 按下并快速地释放鼠标按钮

    D. 快速连续地两次按下并释放鼠标按钮

186. 退出 Windows 时，直接关闭计算机电源可能产生的后果是（　　　）。

    A. 可能破坏尚未存盘的文件　　　　　　B. 可能破坏临时设置

    C. 可能破坏某些程序的数据　　　　　　D. 以上都对

187. Windows 的特点包括（　　　）。

    A. 图形界面　　　B. 多任务　　　　C. 即插即用　　　　D. 以上都对

188. 如用户在一段时间（　　　），Windows 操作系统将启动屏幕保护程序。

    A. 没有按键盘　　　　　　　　　　　　B. 没有移动鼠标器

    C. 既没有按键盘，也没有移动鼠标器　　D. 没有使用打印机

189. 在 Windows 中，如果单击名称前带有"√"记号的菜单选项，则（　　　）。

    A. 弹出子菜单　　　　　　　　　　　　B. 弹出对话框

    C. "√"变为"×"　　　　　　　　　　　D. 名字前"√"消失

190. Windows 中"磁盘碎片整理程序"的主要作用是（　　　）。

    A. 修复损坏的磁盘　　　　　　　　　　B. 修复损坏的磁盘碎片

    C. 提高文件访问速度　　　　　　　　　D. 扩大磁盘空间

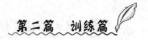

Windows 7 操作系统基础知识练习题参考答案

题号	答案	题号	答案	题号	答案	题号	答案	题号	答案
1	C	41	C	81	D	121	B	161	D
2	D	42	A	82	C	122	C	162	D
3	D	43	D	83	D	123	D	163	C
4	C	44	C	84	C	124	A	164	B
5	B	45	A	85	A	125	C	165	A
6	B	46	B	86	D	126	B	166	D
7	C	47	A	87	C	127	B	167	D
8	A	48	D	88	B	128	B	168	A
9	B	49	D	89	A	129	C	169	B
10	D	50	D	90	B	130	A	170	C
11	A	51	B	91	B	131	D	171	A
12	B	52	B	92	A	132	D	172	C
13	C	53	C	93	C	133	B	173	D
14	B	54	B	94	A	134	C	174	D
15	D	55	D	95	B	135	C	175	A
16	B	56	A	96	D	136	A	176	B
17	B	57	D	97	D	137	A	177	C
18	C	58	C	98	D	138	B	178	A
19	A	59	A	99	C	139	D	179	C
20	D	60	D	100	A	140	A	180	A
21	D	61	C	101	B	141	B	181	C
22	A	62	D	102	D	142	B	182	A
23	D	63	C	103	D	143	C	183	D
24	A	64	C	104	B	144	D	184	B
25	B	65	C	105	B	145	C	185	C
26	B	66	A	106	D	146	C	186	D
27	A	67	B	107	A	147	A	187	D
28	A	68	C	108	D	148	C	188	C
29	B	69	C	109	A	149	B	189	D
30	C	70	D	110	D	150	B	190	C
31	A	71	A	111	D	151	C		
32	A	72	B	112	C	152	A		
33	C	73	C	113	C	153	D		
34	C	74	B	114	C	154	C		
35	A	75	C	115	C	155	A		
36	C	76	C	116	D	156	C		
37	B	77	A	117	A	157	C		
38	D	78	D	118	B	158	D		
39	C	79	C	119	A	159	C		
40	C	80	A	120	C	160	C		

练习三 Word 文字处理软件知识

1. 在 Word 2010 中使用标尺可以直接设置段落缩进，标尺顶部的三角形标记代表（   ）。

    A．首行缩进   B．悬挂缩进   C．左缩进   D．右缩进

2. 当一页内容已满，而文档文字仍然继续被输入，Word 将插入（   ）。

    A．硬分页符   B．硬分节符   C．软分页符   D．软分节符

3. Word 在表格计算时，对运算结果进行刷新，可使用以下哪个功能键？（   ）

    A．F8   B．F9   C．F5   D．F7

4. 下列不属于"行号"编号方式的是（   ）。

    A．每页重新编号   B．每段重新编号   C．每节重新编号   D．连续编号

5. Word 2010 中，在文档中选取间隔的多个文本对象，按下（   ）键。

    A．Alt   B．Shift   C．Ctrl   D．Ctrl+Shift

6. 在 Word 表格中若要计算某列的总计值，可以用到的统计函数为（   ）。

    A．SUM   B．TOTA   C．AVERAGE   D．COUNT

7. 下列叙述不正确的是（   ）。

    A．删除自定义样式，Word 将从模板中取消该样式

    B．删除内建的样式，Word 将保留该样式的定义，样式并没有真正删除

    C．内建的样式中"正文"、"标题"是不能删除的

    D．一个样式删除后，Word 将对文档中的原来使用的样式的段落文本一并删除

8. 在 Word 2010 中，删除行、列或表格的快捷键是（   ）。

    A．Backspace   B．Delete   C．空格键   D．回车键

9. 在 Word 2010 中，"分节符"位于（   ）选项下。

    A．开始   B．插入   C．页面布局   D．视图

10. 在编辑表格的过程中，如何在改变表格中某列宽度的时候，不影响其他列的宽度？（   ）

    A．直接拖动某列的右边线

    B．直接拖动某列的左边线

    C．拖动某列右边线的同时，按住"Shift"键

    D．拖动某列右边线的同时，按住"Ctrl"键

11. 以下关于 Word 2010 "页面布局"功能的描述中，说法错误的是（   ）。

    A．页面布局功能可以为文档设置特定主题效果

    B．页面布局功能可以设置文档分隔符

    C．页面布局功能可以设置稿纸效果

    D．页面布局功能不能设置段落的缩进与间距

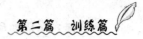

12．目录可以通过下列哪个选项插入？（　　　）

　　A．插入　　　　　　B．页面布局　　　　C．引用　　　　　　D．视图

13．在某行下方快速插入一行最简便的方法是将光标置于此行最后一个单元格的右边，按（　　　）键。

　　A．Ctrl　　　　　　B．Shift　　　　　　C．Alt　　　　　　　D．回车

14．格式刷的作用是用来快速复制格式，其操作技巧是（　　　）。

　　A．单击可以连续使用　　　　　　　　B．双击可以使用一次

　　C．双击可以连续使用　　　　　　　　D．右击可以连续使用

15．在 Word 中提供了单倍、多倍、固定行距等（　　　）种行间距选择。

　　A．5　　　　　　　　B．6　　　　　　　　C．7　　　　　　　　D．8

16．下列（　　　）不属于 Word 2010 的文本效果。

　　A．轮廓　　　　　　B．阴影　　　　　　C．发光　　　　　　D．三维

17．以下关于 Word 2010 的主文档说法正确的是（　　　）。

　　A．当打开多篇文档，子文档可再拆分

　　B．对长文档可再拆分

　　C．对长文档进行有效的组织和维护

　　D．创建子文档时必须在主控文档视图中

18．在 Word 中，当表格超出左、右边距时，应如何设置？（　　　）

　　A．根据内容自动调整表格　　　　　B．根据窗口自动调整表格

　　C．分布行　　　　　　　　　　　　D．分布列

19．在 Word 2010 中，想打印 1、3、8、9、10 页，应在"打印范围"文本框中输入（　　　）。

　　A．1,3,8-10　　　　　　　　　　　　B．1、3、8-10

　　C．1-3-8-10　　　　　　　　　　　　D．1、3、8、9、10

20．在 Word 2010 中，要想对文档进行翻译，需执行以下哪项操作？（　　　）

　　A．"审阅"选项卡下"语言"组中的"语言"按钮

　　B．"审阅"选项卡下"语言"组中的"英语助手"按钮

　　C．"审阅"选项卡下"语言"组中的"翻译"按钮

　　D．"审阅"选项卡下"校对"组中的"信息检索"按钮

21．Word 2010 所认为的字符不包括（　　　）。

　　A．汉字　　　　　　B．数字　　　　　　C．特殊字符　　　　D．图片

22．在 Word 中，每个段落的段落标记在（　　　）。

　　A．段落中无法看到的地方　　　　　B．段落的结尾处

　　C．段落的中部　　　　　　　　　　D．段落的开始处

23．在 Word 2010 中，若要检查文件中的拼写和语法错误，可以执行下列哪个功能键？（　　　）

　　A．F4　　　　　　　B．F5　　　　　　　C．F6　　　　　　　D．F7

24．Word 2010 文档的类型是（　　　）。

　　A．doc　　　　　　B．docs　　　　　　C．docx　　　　　　D．dot

25. 在 Word 2010 中，"1.5 倍行距"的快捷键是（　　　）。

    A．Ctrl+1　　　　　B．Ctrl+2　　　　　C．Ctrl+3　　　　　D．Ctrl+5

26. Word 表格功能相当强大，当把插入点放在表的最后一行的最后一个单元格时，按 Tab 键，将（　　　）。

    A．在同一单元格里建立一个新文本行　B．产生一个新列

    C．产生一个新行　　　　　　　　　　D．插入点移到第一行的第一个单元格

27. 以下关于 Word 2010 和 Word 2003 文档说法正确的是（　　　）。

    A．Word 2003 程序兼容 Word 2010 文档

    B．Word 2010 程序兼容 Word 2003 文档

    C．Word 2010 文档与 Word 2003 文档类型完全相同

    D．Word 2010 文档与 Word 2003 文档互不兼容

28. 在 Word 2010 中，回车的同时按住（　　　）键可以不产生新的段落。

    A．Ctrl　　　　　　B．Shift　　　　　C．Alt　　　　　　D．空格

29. 在 Word 中若某一段落的行距不作特别设置，而由 Word 根据该字符的大小自动调整，此行距称为（　　　）。

    A．1.5 倍行距　　　B．单倍行距　　　C．固定值行距　　D．最小值行距

30. 以下关于 Word 2010 查找功能的"导航"侧边栏，说法错误的是（　　　）。

    A．单击"编辑"组的"查找"按钮可以打开"导航"侧边栏

    B．"查找"默认情况下，对字母区分大小写

    C．在"导航"侧边栏中输入"查找：表格"，即可实现对文档中表格的查找

    D．"导航"侧边栏显示查找内容有 3 种显示方式，分别是"浏览您文档中的标题"、"浏览您文档中的页面"和"浏览您当前搜索的结果"

31. Word 中插入图片的默认版式为（　　　）。

    A．嵌入型　　　　　B．紧密型　　　　　C．浮于文字上方　D．四周型

32. Office 办公软件，是哪一个公司开发的软件？（　　　）

    A．WPS　　　　　　B．Microsoft　　　　C．Adobe　　　　　D．IBM

33. 在 Word 2010 中，下面哪个视图方式是默认的视图方式？（　　　）

    A．普通视图　　　　B．页面视图　　　　C．大纲视图　　　　D．Web 版式视图

34. 在选定了整个表格之后，若要删除整个表格中的内容，以下哪个操作正确？（　　　）

    A．单击"表格"菜单中的"删除表格"命令

    B．按"Delete"键

    C．按"Space"键

    D．按"Esc"键

35. 艺术字对象实际上是（　　　）。

    A．文字对象　　　　　　　　　　　B．图形对象

    C．链接对象　　　　　　　　　　　D．既是文字对象，也是图形对象

36. 在 Word 中若要选定文档中的一个矩形区域，应在拖动鼠标前按下列哪个键不放？（　　　）

    A．Ctrl　　　　　　B．Alt　　　　　　C．Shift　　　　　D．空格

37. 字号设置中阿拉伯字号越大，表示字符越____；中文字号越小，表示字符越____。
（　　）
  A．大、小   B．小、大   C．不变   D．大、大

38. 关于"保存"与"另存为"命令，下列说法正确的是（　　）。
  A．在文件第一次保存的时候，两者功能相同
  B．"另存为"是将文件另处再保存一份，可以重新起名，重新更换保存位置
  C．用"另存为"保存的文件不能与原文件同名
  D．两者在任何情况下都相同

39. 当有多个图形时，需要对它们进行对齐，有哪些方式？（　　）
  A．左对齐   B．右对齐   C．顶端对齐   D．底端对齐

40. 在 Word 2010 中，若想知道文档的字符数，可以应用的方法有（　　）。
  A．"审阅"选项卡下"校对"组的"字数统计"按钮
  B．快捷键"Ctrl+Shift+G"
  C．快捷键"Ctrl+Shift+H"
  D．"审阅"选项卡下"修订"组的"字数统计"按钮

41. 制表符有哪几类？（　　）
  A．左对齐制表符   B．居中对齐制表符
  C．右对齐制表符   D．小数点和竖线对齐制表符

42. Word 2010 中的缩进包括哪些？（　　）
  A．左缩进   B．右缩进   C．首行缩进   D．居中缩进

43. 以下关于 Word 2010 的"打印预览"窗口，说法正确的有（　　）。
  A．是一种对文档进行打印前的预览窗口
  B．可以插入表格
  C．可以设置页边距
  D．不显示菜单栏，不能打开菜单

44. Word 2010 的"保存并发送"功能，可以（　　）。
  A．使用电子邮件发送   B．保存为 Web 页
  C．发布为博客文章   D．保存到 SharePoint

45. 关于 Word 2010 的表格的"标题行重复"功能，说法正确的是（　　）。
  A．属于"表格"菜单的命令
  B．属于"表格工具"选项卡下的命令
  C．能将表格的第一行即标题行在各页顶端重复显示
  D．当表格标题行重复后，修改其他页面表格第一行，第一页的标题行也随之修改

46. Word 2010 文档的页面背景有哪几种类型？（　　）
  A．单色背景 B．水印背景 C．图片背景 D．填充效果背景

47. 以下属于段落格式的有（　　）。
  A．首行缩进 B．段前、段后 C．行距 D．字体

48. 在 Word 2010 中，文档可以保存为下列哪些格式？（　　　）

　　A．Web 页　　　　　B．纯文本　　　　C．PDF 文档　　　　D．XPS 文档

49. 以下关于 Word 2010 的"文档保护"功能描述中，说法正确的有（　　　）。

　　A．可以为文档加密保护　　　　　　　B．可以添加数字签名保护

　　C．可以将文档标记为最终状态　　　　D．可以按人员限制权限

50. 以下关于 Word 2010 的"新建文档"功能，说法正确的有（　　　）。

　　A．可以根据现有文档新建新文档　　　B．可以新建博客文档

　　C．可以新建书法文档　　　　　　　　D．可以根据模板新建文档

51. 在 Word 2010 中保存的文件如何在装有 Word 2003 的机器上打开？（　　　）

　　A．将其保存为"Word 97-2003"格式

　　B．双击打开

　　C．无法打开

　　D．在 Word 2003 的机器上安装"Office 文件格式兼容包"软件

52. 以下关于 Word 2010 的"屏幕截图"功能说法正确的有（　　　）。

　　A．该功能在"插入"选项卡下"插图"组内

　　B．包含"可见视窗"截图

　　C．包含"屏幕剪辑"截图

　　D．以上只有 A 和 C 正确

53. 在 Word 2010 中图形的分布分为哪几种？（　　　）

　　A．横向分布　　　　B．水平分布　　　　C．纵向分布　　　　D．垂直分布

54. 在 Word 2010 打印设置中，可以进行以下哪些操作？（　　　）

　　A．打印到文件　　　B．手动双面打印　　C．按纸型缩放打印　D．设置打印页码

55. 以下关于 Word 2010 的"格式刷"功能，说法正确的有（　　　）。

　　A．所谓格式刷，即复制一个位置的格式，然后将其应用到另一个位置

　　B．单击格式刷，可以进行一次格式复制；双击格式刷，可以进行多次格式复制

　　C．格式刷只能复制字符格式

　　D．可以使用快捷键"Ctrl+Shift+C"

56. 下列视图模式中，属于 Word 2010 的视图模式有哪几种？（　　　）

　　A．普通视图　　　　B．页面视图　　　　C．阅读版式视图　　D．草稿视图

57. 以下属于段落格式的有（　　　）。

　　A．首行缩进　　　　　　　　　　　　　B．段前、段后间距

　　C．行距　　　　　　　　　　　　　　　D．字体

58. Word 2010 中的缩进包括哪些？（　　　）

　　A．左缩进　　　　　B．右缩进　　　　　C．首行缩进　　　　D．居中缩进

59. 在 Word 2010 中新建空白文档的快捷键为（　　　）。

　　A．Ctrl+N　　　　　B．Ctrl+O　　　　　C．Ctrl+W　　　　　D．Ctrl+X

60. 在 Word 2010 中，插入一个分页符的方法有（　　　）。

　　A．按快捷键"Ctrl+Enter"

B．选择"插入"选项卡下，"符号"组中的"分隔符"命令

C．选择"插入"选项卡下，"页"组中的"分页"命令按钮

D．选择"页面布局"选项卡下，"页面设置"组中的"分隔符"命令

61．可在 Word 文档中插入的对象有（　　）。

　　A．Excel 工作表　　B．声音　　　　　C．图像文档　　　　D．幻灯片

62．在 Word 2010 中打开文档的快捷键为（　　）。

　　A．Ctrl+N　　　　　B．Ctrl+O　　　　C．Ctrl+W　　　　D．Ctrl+X

63．在 Word 2010 中，若要对选中的文字设置上下标效果，下列操作正确的有（　　）。

　　A．"段落"对话框中设置

　　B．"格式"对话框中设置

　　C．"开始"选项卡下"字体"组中设置

　　D．"字体"对话框中设置

64．在 Word 2010 中保存文档的快捷键为（　　）。

　　A．Ctrl+N　　　　　B．Ctrl+S　　　　C．Ctrl+W　　　　D．Ctrl+X

65．在 Word 2010 中创建超链接的方法有（　　）。

　　A．先选定需创建超链接的文本，单击"插入"选项卡下"链接"组中的"超链接"按钮，再选择链接对象

　　B．直接在 Word 文档中输入正确的 URL 或 E-mail 即可创建

　　C．在超链接对话框中可以设定屏幕提示文字

　　D．超链接可以链接到书签

66．以下关于 Word 2010 的"文档保护"功能描述中，说法正确的有（　　）。

　　A．可以用密码进行加密　　　　　　B．可以限制编辑

　　C．可以标记为最终状态　　　　　　D．可以添加数字签名

67．在利用"邮件合并"功能创建批量文档前，首先应创建（　　）。

　　A．主文档　　　B．标题　　　　C．数据源　　　　D．正文

68．Word 2010 插入题注时如需加入章节号，如"图 1-1"，无需进行的操作是（　　）。

　　A．将章节起始位置套用内置标题样式　B．将章节起始位置应用多级符号

　　C．将章节起始位置应用自动编号　　　D．自定义题注样式为"图"

69．Word 2010 可自动生成参考文献书目列表，在添加参考文献的"源"主列表时，"源"不可能直接来自于（　　）。

　　A．网络中各知名网站　　　　　　　B．网上邻居的用户共享

　　C．计算机中的其他文档　　　　　　D．自己录入

70．Word 文档的编辑限制包括（　　）。

　　A．格式设置限制　　B．编辑限制　　　C．权限保护　　　D．以上都是

71．Word 中的手动换行符是通过（　　）产生的。

　　A．插入分页符　　　　　　　　　　B．插入分节符

　　C．按"Enter"键　　　　　　　　　D．按"Shift+Enter"组合键

72. 关于 Word 2010 的页码设置，以下表述错误的是（　　）。
    A. 页码可以被插入到页眉页脚区域
    B. 页码可以被插入到左右页边距
    C. 如果希望首页和其他页页码不同必须设置"首页不同"
    D. 可以自定义页码并添加到构建基块管理器中的页码库中

73. 关于大纲级别和内置样式的对应关系，以下说法正确的是（　　）。
    A. 如果文字套用内置样式"正文"，则一定在大纲视图中显示为"正文文本"
    B. 如果文字在大纲视图中显示为"正文文本"，则一定对应样式为"正文"
    C. 如果文字的大纲级别为 1 级，则被套用样式"标题 1"
    D. 以上说法都不正确

74. 关于导航窗格，以下表述错误的是（　　）。
    A. 能够浏览文档中的标题
    B. 能够浏览文档中的各个页面
    C. 能够浏览文档中的关键文字和词
    D. 能够浏览文档中的脚注、尾注、题注等

75. 关于样式、样式库和样式集，以下表述正确的是（　　）。
    A. 快速样式库中显示的是用户最为常用的样式
    B. 用户无法自行添加样式到快速样式库
    C. 多个样式库组成了样式集
    D. 样式集中的样式存储在模板中

76. 如果 Word 文档中有一段文字不允许别人修改，可以通过（　　）。
    A. 格式设置限制　　　　　　　　　B. 编辑限制
    C. 设置文件修改密码　　　　　　　D. 以上都是

77. 如果要将某个新建样式应用到文档中，以下哪种方法无法完成样式的应用？（　　）
    A. 使用快速样式库或样式任务窗格直接应用
    B. 使用查找与替换功能替换样式
    C. 使用格式刷复制样式
    D. 使用"Ctrl+W"快捷键重复应用样式

78. 若文档被分为多个节，并在"页面设置"对话框的"版式"选项卡中将页眉和页脚设置为奇偶页不同，则以下关于页眉和页脚说法正确的是（　　）。
    A. 文档中所有奇偶页的页眉必然都不相同
    B. 文档中所有奇偶页的页眉可以都不相同
    C. 每个节中奇数页页眉和偶数页页眉必然不相同
    D. 每个节的奇数页页眉和偶数页页眉可以不相同

79. 通过设置内置标题样式，以下哪个功能无法实现？（　　）
    A. 自动生成题注编号　　　　　　　B. 自动生成脚注编号
    C. 自动显示文档结构　　　　　　　D. 自动生成目录

80．以下（　　）是可被包含在文档模板中的元素：①样式；②快捷键；③页面设置信息；④宏方案项；⑤工具栏。

　　　A．①②④⑤　　　　B．①②③④　　　C．①③④⑤　　　D．①②③④⑤

81．以下（　　）选项卡不是 Word 2010 的标准选项卡。

　　　A．审阅　　　　　　B．图表工具　　　C．开发工具　　　D．加载项

82．在 Word 2010 新建段落样式时，可以设置字体、段落、编号等多项样式属性，以下不属于样式属性的是（　　）。

　　　A．制表位　　　　　B．语言　　　　　C．文本框　　　　D．快捷键

83．在 Word 中建立索引，是通过标记索引项，在被索引内容旁插入域代码形式的索引项，随后再根据索引项所在的页码生成索引。与索引类似，以下哪种目录，不是通过标记引用项所在位置来生成目录的？（　　）

　　　A．目录　　　　　　B．书目　　　　　C．图表目录　　　D．引文目录

84．在书籍杂志的排版中，为了将页边距根据页面的内侧、外侧进行设置，可将页面设置为（　　）。

　　　A．对称页边距　　　B．拼页　　　　　C．书籍折页　　　D．反向书籍折页

85．在同一个页面中，如果希望页面上半部分为一栏，后半部分为两栏，应插入的分隔符号为（　　）。

　　　A．分页符　　　　　B．分栏符　　　　C．分节符（连续）D．分节符（奇数页）

86．$X^2+Y^2=Z$ 中的平方是利用 Word 的（　　）功能。

　　　A．上标　　　　　　B．下标　　　　　C．提升　　　　　D．下降

87．"ITAT 教育培训工程"是利用 Word 的（　　）功能。

　　　A．删除线　　　　　B．下划线　　　　C．上划线　　　　D．双删除线

88．"⊕"使用的是 Word 中的（　　）功能。

　　　A．段落边框　　　　B．字符边框　　　C．带圈字符　　　D．页面边框

89．Word 中去掉已经排版的格式可以使用（　　）功能完成。

　　　A．主题　　　　　　B．字体　　　　　C．清除格式　　　D．存为网页

90．Word 中的文字加宽使用的是（　　）功能。

　　　A．字符缩放　　　　B．调整宽度　　　C．增大字体　　　D．增大字号

91．Word 中合并字符功能允许合并文字的最多个数是（　　）。

　　　A．8 个　　　　　　B．6 个　　　　　C．无限制　　　　D．10 个

92．Word 对齐方式属于（　　）设置。

　　　A．字体　　　　　　B．段落　　　　　C．分栏　　　　　D．中文版式

93．段前与段后设置属于（　　）设置。

　　　A．字体　　　　　　B．段落　　　　　C．分栏　　　　　D．中文版式

94．Word 文档中段落右对齐的快捷键是（　　）。

　　　A．Ctrl+L　　　　　B．Ctrl+E　　　　C．Ctrl+J　　　　D．Ctrl+R

95．Word 文档中段落首行空两个字符可通过（　　）进行设置。

　　　A．首行缩进　　　　B．悬挂缩进　　　C．右缩进　　　　D．左缩进

96. Word 文档中设置每页指定行数、每行指定字数是在"页面设置"对话框的（　　）选项卡中进行设置。

  A．页边距   B．纸张   C．版式   D．文档网格

97. 在 Word 文档中通过（　　）功能可以快速查找指定文字。

  A．选择   B．查找   C．书签   D．替换

98. Word 删除文档中所有多余的空格，可以通过（　　）功能来实现。

  A．替换   B．查找   C．选择   D．定位

99. 在 Word 文档中通过设置（　　）功能可以快速定位到文档某一位置。

  A．选择   B．查找   C．书签   D．替换

100. Word 文档中的绘制正方形可利用（　　）和鼠标来完成。

  A．Shift   B．Ctrl   C．Alt   D．Ctrl+Shift

101. Word 文档中的多个自选图形要组合成一体可利用（　　）和鼠标选取。

  A．Shift   B．Ctrl   C．Alt   D．Ctrl+Shift

102. 下列关于 Word 表格的说法，不正确的是（　　）。

  A．可以表中做表   B．可以对表格拆分

  C．可以设置斜线表头   D．表格不可以移动

103. 在 Word 中创建超链接的快捷键是（　　）。

  A．Ctrl+K   B．Ctrl+H   C．Ctrl+P   D．Ctrl+F

104. Word 使用稿纸可以在（　　）中选择稿纸设置。

  A．视图   B．引用   C．插入   D．页面布局

105. 如果文档很长，那么用户可以用 Word 2010 提供的（　　）技术，同时在二个窗口中滚动查看同一文档的不同部分。

  A．拆分窗口 B．滚动条   C．排列窗口   D．帮助

106. 在 Word 2010 中，如果使用了项目符号或编号，则项目符号或编号在（　　）时会自动出现。

  A．每次按回车键   B．一行文字输入完毕并回车

  C．按"Tab"键   D．文字输入超过右边界

107. 在 Word 2010 中，只显示文档而无工具栏、标尺和其他屏幕元素，可选择"视图"菜单中的（　　）命令。

  A．页面视图 B．大纲视图 C．全屏显示 D．普通视图

108. 在 Word 2010 工作过程中，当光标位于文档中某处，输入字符，通常有两种工作状态是（　　）。

  A．插入和改写 B．插入和移动 C．改写和复制 D．复制和移动

109. Word 2010 是 Microsoft 公司推出的（　　）。

  A．图形处理软件   B．动画制作软件

  C．表格制作软件   D．文字处理软件

110. 菜单项呈灰度显示，表明（　　）。

  A．有对话框 B．不可选择 C．有下级菜单 D．有联级菜单

111. 如果某一段的首行左端起始位置在该段落其余各行左端的左面，这叫做（　　）。

A．左缩进　　　　B．右缩进　　　　C．首行缩进　　　　D．悬挂缩进

112. 如果在一篇文档中，所有的"大纲"二字都被录入员误输为"大刚"，如何最快捷地改正？（　　）

A．用"开始"选项卡下，"编辑"组中的"定位"命令

B．用"开始"选项卡下，"编辑"组中的"撤销"和"恢复"命令

C．用"开始"选项卡下，"编辑"组中的"替换"按钮

D．用插入光标逐字查找，分别改正

113. 在编辑 Word 2010 文档时，若要删除插入点前的汉字按键盘上（　　）键。

A．Delete　　　　B．Ctrl+Delete　　　　C．Backspace　　　　D．Ctrl+Backspace

114. 当前正在编辑的 Word 2010 文档的名称显示在窗口的（　　）中。

A．标题栏　　　　B．菜单栏　　　　C．工具栏　　　　D．状态栏

115. 在编辑 Word 2010 文档时，如果做了误删除操作，可以立刻单击常用工具栏中（　　）按钮，恢复被误删除的内容。

A．"粘贴"　　　　B．"撤销"　　　　C．"剪切"　　　　D．"恢复"

116. 在 Word 2010 中，默认的字号是（　　）。

A．初号　　　　B．三号　　　　C．五号　　　　D．六号

117. 打开 Word 2010 文档，通常指的是（　　）。

A．把文档的内容从内存中读入，并显示出来

B．把文档的内容从磁盘调入内存，并显示出来

C．为指定文件开设一个空的文档窗口

D．显示并打印出指定文档的内容

118. 下列 Word 2010 的段落对齐方式中，能使段落中每一行（包括未输满的行）都能保持首尾对齐的是（　　）。

A．左对齐　　　　B．两端对齐　　　　C．居中对齐　　　　D．分散对齐

119. 在 Word 2010 中，若要将某个段落的格式复制到另一段，可采用（　　）。

A．字符样式　　　　B．拖动　　　　C．格式刷　　　　D．剪切

120. 在 Word 2010 操作，要想使所编辑的文件保存后不被他人查看，可以在"文件"选项卡中设置（　　）。

A．"信息"选项中"保护文档"按钮下的"用密码进行加密"命令

B．"信息"选项中"保护文档"按钮下的"限制编辑"命令

C．"信息"选项中"保护文档"按钮下的"打开权限口令"命令

D．"选项"选项中"保护文档"按钮下的"打开权限口令"命令

121. 关于 Word 2010 中的文本框，下列说法（　　）是不正确的。

A．文本框可以做出冲蚀效果

B．文本框可以设置底纹

C．文本框可以做出三维效果

D．文本框只能存放文本，不能放置图片

122. 在 Word 2010 的"字体"对话框中，不可设定文字的（　　　）。

    A. 字间距　　　　B. 字号　　　　　　C. 删除线　　　　D. 行距

123. 在 Word 2010 文档编辑中，下列说法中正确的是（　　　）。

    A. Word 2010 文档中的硬分页符不能删除

    B. Word 2010 文档中软分页符会自动调整位置

    C. Word 2010 文档中的硬分页符会随文本内容的增减而变动

    D. Word 2010 文档中的软分页符可以删除

124. 在 Word 2010 中要想在屏幕上看到文档在打印机上打印出来的结果，编辑时应采用（　　　）方式。

    A. 普通视图　　　　　　　　　　B. Web 版式视图

    C. 大纲视图　　　　　　　　　　D. 页面视图

125. 在 Word 2010 中，标题栏包括 Word 图标、当前文档名称、窗口控制按钮和（　　　）。

    A. 选项卡　　　　　　　　　　　B. 快速访问工具栏

    C. 标尺　　　　　　　　　　　　D. 显示比例

126. 在 Word 2010 中为用户提供了访问键功能，在当前文档中按（　　　）键，即可显示选项卡访问键。

    A. Shift　　　　B. Alt　　　　　　C. Ctrl　　　　　　D. F10

127. 在 Word 2010 中显示比例位于状态栏的最右侧，主要用来调整视图百分比，其调整范围为（　　　）。

    A. 10%～500%　　　　　　　　B. 0～100%

    C. 10%～200%　　　　　　　　D. 50%～500%

128. 在 Word 2010 中，如果用户想保存一个正在编辑的文档，但希望以不同文件名存储，可用"文件"菜单下的（　　　）命令。

    A. 保存　　　　B. 另存为　　　　C. 比较　　　　D. 限制编辑

129. 在 Word 2010 中，可以通过（　　　）功能区对不同版本的文档进行比较和合并。

    A. 页面布局　　　B. 引用　　　　C. 审阅　　　　D. 视图

130. Word 默认生成的文档的扩展名是（　　　）。

    A. docx　　　　B. txtx　　　　　C. pdfx　　　　D. mp3x

131. 当用户打开一个 Word 文档时，文档的插入点总是在（　　　）。

    A. 任意位置　　　　　　　　　　B. 文档的开始位置

    C. 上次最后存盘时的位置　　　　D. 文档的末尾

132. 若要将某个新建样式应用到文档中，以下哪种方法无法完成样式的应用？（　　　）

    A. 使用快速样式库或样式任务窗格直接应用

    B. 使用查找与替换功能替换样式

    C. 使用格式刷复制样式

    D. 使用"Ctrl+W"快捷键重复应用样式

133. 在 Word 中图像可以以多种环绕形式与文本混排，（　　　）不是它提供的环绕形式。

    A. 穿越型　　　　B. 四周型　　　C. 左右型　　　D. 上下型

134．在 Word 中"格式刷"按钮有很强的排版功能，若要多次复制同一格式，应选中要复制格式的对象后（　　　）。

　　A．在"工具"菜单的"选项"命令中定义

　　B．双击"格式刷"按钮

　　C．单击"格式刷"按钮

　　D．在"格式"菜单中定义

135．在编辑 Word 文档时，要选择文本中的某一行，可将鼠标指向该行左侧的文本选定区，并（　　　）。

　　A．单击　　　　　B．双击　　　　　C．三击　　　　　D．右击

136．打开一个已有的 Word 文档，进行编辑后，选择"保存"操作，那么该文档（　　　）。

　　A．被保存在原文件夹下　　　　　B．可以保存在已有的其他文件夹下

　　C．可以保存在新建的文件夹下　　　D．保存后会被关闭

137．在 Word 2010 中设置稿纸时，主要可以设置为方格式稿纸、外框式稿纸和（　　　）。

　　A．行线式　　　　B．线性式　　　　C．平行式　　　　D．田字格式

138．在 Word 2010 中设置图片水印时，选中"冲蚀"复选框表示（　　　）。

　　A．改变图片透明度　　　　　B．改变图片颜色

　　C．淡化图片　　　　　　　　D．强化图片

139．在 Word 2010 中不仅可以添加项目编号与行号，还可以添加（　　　）。

　　A．段编号　　　　B．图片编号　　　　C．文本编号　　　　D．章编号

140．在 Word 2010 中创建模板时选择"根据现有内容新建"选项，表示是根据（　　　）中的文档来创建一个新的文档。

　　A．本地计算机磁盘　　　　　B．运行中的文档

　　C．Word 模板　　　　　　　D．当前模板文件

141．在 Word 2010 中用户可以撤销或恢复（　　　）步操作，并且可以重复任意次数的操作。

　　A．1000　　　　　B．10　　　　　C．100　　　　　D．200

142．在 Word 2010 中主要包括"号"与"磅"两种度量单位。其中"号"单位的数值（　　　）"磅"单位的数值就越大。

　　A．越大　　　　B．越小　　　　C．升序　　　　D．降序

143．在 Word 2010 中自带了机密、紧急与（　　　）3 种类型共 12 种水印样式，用户可根据文档内容设置不同的水印效果。

　　A．免责声明　　　B．严禁复制　　　C．样本　　　　D．尽快

144．在 Word 2010 中页眉与页脚分别位于页面的顶部与底部，是每个页面的（　　　）中的区域。

　　A．顶部、底部与两侧页边距　　　　B．编辑工作区

　　C．功能区　　　　　　　　　　　　D．状态区

145．在 Word 2010 中可以利用索引功能标注关键词或语句的出处与页码，并能按照一定的规律进行排序。在创建索引之前，需要将创建索引的关键词和语句进行（　　　）。

　　A．排序　　　　B．分类　　　　C．标记索引项　　　D．无需操作

146．在 Word 2010 中进行分栏操作时，分栏时列数的数值范围是（　　）。

      A．1～10　　　　　B．1～12　　　　　C．1～15　　　　　D．1～20

147．在 Word 2010 "页面设置"对话框的"文档网格"选项卡中，当选择（　　）选项时，只能设置每行与每页的参数值（　　）。

      A．无网格　　　　　　　　　　　　　B．只指定行网格

      C．指定行与字符网格　　　　　　　　D．文字对齐字符网格

148．在 Word 2010 中进行分栏操作，在设置"宽度"时，（　　）值会跟随"宽度"值的变化而改变的。

      A．宽度　　　　　B．列数　　　　　C．间距　　　　　D．栏宽

149．在 Word 2010 中更改页眉和页脚的显示内容时，除了在"插入"选项卡的"页眉和页脚"选项组中单击"页眉"下三角按钮并选择"编辑页眉"选项外，还可以通过（　　）方法来激活页眉与页脚，从而实现编辑页眉和页脚的操作。

      A．双击页眉和页脚　　　　　　　　　B．按"F9"键

      C．单击页眉和页脚　　　　　　　　　D．右击页眉和页脚

150．在 Word 2010 中用户可以为页眉和页脚插入图片，可在页眉页脚编辑状态，单击（　　）"设计"选项卡中"插入"选项组中的"图片"按钮完成设置。

      A．图片工具　　　　B．格式工具　　　　C．表格工具　　　　D．页眉和页脚工具

151．在 Word 2010 中用户可在页面顶端、页面底端、（　　）与当前位置插入页码。

      A．页边距　　　　　B．页眉　　　　　C．页脚　　　　　D．文档中

152．在 Word 2010 中可按（　　）键直接更新目录。

      A．F9　　　　　B．F10　　　　　C．F6　　　　　D．F12

153．在 Word 2010 中利用"插入"选项卡下的"插图"选项组，不能插入（　　）对象。

      A．形状　　　　　B．文本框　　　　C．屏幕截图　　　　D．SmartArt

154．在 Word 2010 中最多可以创建（　　）个文本框链接。

      A．20　　　　　B．30　　　　　C．31　　　　　D．32

155．在 Word 2010 中设置 SmartArt 图形效果或样式时，如果用户不满意于当前的设置，可执行（　　）命令快速恢复到原来的状态。

      A．布局　　　　　　　　　　　　　　B．SmartArt 样式

      C．重设图形　　　　　　　　　　　　D．更改形状

156．在 Word 2010 中设置 SmartArt 图形时，运用（　　）图形类型可以表示各部分与整体之间的关系。

      A．列表　　　　　B．流程　　　　　C．矩阵　　　　　D．棱锥图

157．在 Word 2010 中设置图片层次时，在（　　）方式下无法调整图片层次关系。

      A．嵌入型　　　　B．紧密型环绕　　　C．四周型环绕　　　D．上下型环绕

158．在 Word 2010 中使用表格时，将光标定位在行末尾，按（　　）键便可自动插入新行。

      A．Tab　　　　　B．Ctrl　　　　　C．Alt　　　　　D．Enter

159. 在 Word 2010 中使用表格时，可利用公式和函数计算表格中的数据，计算平均数的函数是（　　）。

    A．SUM   B．AVERAGE   C．MAX   D．MIN

160. 在 Word 2010 中，用户若要计算表格中的数据，叭以选择"布局"选项卡的"数据"选项组中的（　　）命令。

    A．公式   B．排序   C．转换   D．修改

161. Word 2010 程序启动后就自动打开一个名为（　　）的文档。

    A．无名文件 1   B．文本 1   C．文档 1   D．文件 1

162. 在 Word 2010 中不能直接被编辑的文件类型是（　　）。

    A．doc   B．rtf   C．txt   D．bmp

163. 在编辑 Word 文档时，要保存正在编辑的文件但不关闭或退出，则可按（　　）键来实现。

    A．Ctrl+S   B．Ctrl+V   C．Ctrl+N   D．Ctrl+O

164. 在 Word 2010 编辑状态下，若"开始"选项卡中"剪贴板"选项组中的"剪切"和"复制"按钮呈灰色显示，则表明（　　）。

    A．剪贴板上已经存放了信息   B．在文档中没有选定任何对象

    C．选定的对象是图片   D．选定的文档内容太长

165. 在 Word 2010 中，当一个文档窗口被关闭后，该文档将（　　）。

    A．保存在外存储器中   B．保存在主存储器中

    C．保存在剪贴板中   D．既保存在外存也保存在内存中

166. 在 Word 2010 中，可以显示分页效果的视图方式是（　　）。

    A．草稿视图方式   B．Web 版式视图方式

    C．页面视图方式   D．大纲视图方式

167. 在 Word 2010 编辑状态下，如果要调整文档的左右边界，利用（　　）方法更直接、快捷。

    A．工具栏   B．格式栏   C．菜单栏   D．标尺

168. 在 Word 2010 中不能直接进行的操作是（　　）。

    A．生成超文本   B．图文混排   C．编辑表格   D．创建数据库表

169. Word 2010 中的"页眉和页脚"命令在（　　）选项卡中。

    A．视图   B．插入   C．编辑   D．格式

170. 在 Word 2010 中查找功能的快捷键为（　　）。

    A．Ctrl+N   B．Ctrl+F   C．Ctrl+W   D．Ctrl+X

171. 在 Word 2010 文档的"页面设置"对话框中，不能进行的操作是（　　）。

    A．设置分栏   B．设置页边距   C．设置纸张大小   D．设置纸张来源

172. Word 2010 的文档字体格式设置对话框中不包括（　　）设置。

    A．字体   B．页码   C．字号   D．文字的颜色

173. Word 2010 的文档段落格式设置对话框中不包括（　　）设置。

    A．缩进   B．对齐方式   C．行距   D．首字下沉

174．Word 2010 的表格编辑中不包括（　　）操作。

A．旋转单元格　　　　　　　　　B．插入单元格

C．删除单元格　　　　　　　　　D．合并单元格

175．Word 2010 的文档的图文混排编辑中不包括（　　）操作。

A．插入对象　　　B．插入文本框　　　C．修改图像　　　D．插入表格

176．如果希望在 Word 2010 窗口中显示标尺，应勾选"视图"选项卡下的（　　）选项组中的标尺命令。

A．文档视图　　　B．显示　　　　　C．显示比例　　　D．窗口

177．若使被插入的文档不再和源文档产生联系，这种操作称为（　　）。

A．嵌入对象　　　B．链接对象　　　C．插入对象　　　D．创建对象

178．被链接的对象必须是一个（　　）。

A．图形　　　　　B．文本　　　　　C．磁盘文件　　　D．文件的一部分

179．一个对象（　　）到多个文档中。

A．不能链接　　　B．不能嵌入　　　C．可以链接　　　D．必须链接

180．在 Word 2010 的编辑状态下改变文档的字体，下列叙述正确的是（　　）。

A．文档选中的部分字体发生变化

B．光标之后的文档字体发生变化

C．整个文档字体发生变化

D．光标之前的文档字体发生变化

181．在 Word 2010 中建立的文档文件，不能用 Windows 中的记事本打开，因为（　　）。

A．文件是以.doc 为扩展名

B．文件中含有汉字

C．文件中含有特殊控制符

D．文件中的西文有"全角"和"半角"之分

182．在 Word 2010 中，要调节行间距，则应该选择（　　）中相应的命令。

A．"插入"选项卡中的"符号"选项组

B．"开始"选项卡中的"字体"选项组

C．"开始"选项卡中的"段落"选项组

D．"视图"选项卡中的"显示"选项组

183．在 Word 2010 中插入一张空表时，当"列宽"设为"自动"时，系统的处理方法是（　　）。

A．根据预先设定的缺省值确定

B．设定列宽为 10 个汉字

C．设定列宽为 10 个字符

D．根据列数和页面设定的宽度自动计算确定

184．在 Word 2010 的编辑过程中，使用（　　）键盘命令可将插入点直接移到文章末尾。

A．Shift+End　　　B．Ctrl+End　　　C．Alt+End　　　　D．End

185. Word 2010 中，文本框（　　）。

  A．文字环绕方式只有两种

  B．文字环绕方式多于两种

  C．随着框内文本内容的增多而增人义本框

  D．不可与文字叠放

186. 在 Word 2010 编辑过程中，若要把整个文本中的"计算机"都删除，最简单的方法是使用（　　）命令。

  A．清除   B．撤销   C．剪切   D．替换

187. 在 Word 2010 中，段落"缩进"后打印出来的文本，其文本相对于打印纸边界的距离为（　　）。

  A．页边距   B．缩进距离

  C．悬挂缩进距离   D．页边距+缩进距离

188. 在 Word 2010 的编辑状态，按下"Ctrl+A"键，则（　　）。

  A．整个文档被选择   B．插入点所在的段落被选择

  C．插入点所在的行被选择   D．插入点至文档的首部被选择

189. 关闭正在编辑的 Word 2010 文档时，文档从屏幕上清除的同时也从（　　）中清除。

  A．内存   B．外存   C．磁盘   D．CD-ROM

190. 关于 Word 的操作，下列（　　）说法是不对的。

  A．对于插入到 Word 文档中的图片，用户可以在文档窗口中对图片作任何修改

  B．Word 将页面分栏，首先应对要分栏部分分成一个独立的章节

  C．Word 用户可取消最近执行的操作

  D．Word 可以按所选面大小自动分页

191. 要将 Word 文档中的一部分内容复制，先要进行（　　）操作。

  A．选择   B．剪切   C．粘贴   D．复制

192. 下列关于 Word 操作的叙述中，正确的是（　　）。

  A．凡是显示在屏幕上的内容，都已经保存在硬盘上

  B．在字体的大小选择中，字号越大，字体越大

  C．查找操作只能查找普通字符，不能查找特殊字符

  D．可以在不同的文档中进行对象的移动和复制

193. 插入在文本中的图形可以通过（　　）来放大或缩小。

  A．单击鼠标右键   B．双击鼠标左键

  C．鼠标的拖拽   D．Ctrl+Shift+组合键

194. 在 Word 中，要实现段中分行，应该用（　　）。

  A．回车键 B．Shift+回车键 C．Alt+回车键 D．Ctrl+回车键

195. 在 Word 中，选定整个表格后，按"Delete"键，可以（　　）。

  A．删除整个表格   B．删除整个表格的内容

  C．删除整个表格的内框线 D．删除整个表格的外框线

196. 在 Word 2010 编辑过程中，使用（　　　）键盘命令可将插入点直接移到文章末尾。
    A．Shift+End　　　　B．Ctrl+End　　　　C．Alt+End　　　　D．End

197. 在 Word 2010 中，有关表格的叙述，以下说法正确的是（　　　）。
    A．文本和表可以互相转化
    B．可以将文本转化为表，但表不能转成文本
    C．文本和表不能互相转化
    D．可以将表转化为文本，但文本不能转成表

198. 在 Word 2010 表格中，单元格内能填写的信息（　　　）。
    A．只能是文字　　　　　　　　　　B．只能是文字或符号
    C．只能是图像　　　　　　　　　　D．文字、符号、图像均可

199. Word 2010 与其他应用程序共享数据时，只有通过（　　　）方式共享，Word 文档中的信息才会随着信息源的更改而自动更改。
    A．嵌入　　　　　B．链接　　　　　C．拷贝　　　　　D．都可以

200. 若想控制段落的第一行第一个字的起始位置，应该调整（　　　）。
    A．悬挂缩进　　　　B．首行缩进　　　　C．左缩进　　　　D．右缩进

Word 文字处理软件知识练习题参考答案

题号	答案	题号	答案	题号	答案	题号	答案	题号	答案
1	A	41	ABCD	81	B	121	D	161	C
2	C	42	ABC	82	C	122	D	162	D
3	B	43	ABC	83	B	123	B	163	A
4	B	44	ABCD	84	A	124	D	164	B
5	C	45	BC	85	C	125	B	165	A
6	A	46	ABCD	86	A	126	B	166	C
7	D	47	ABC	87	A	127	A	167	D
8	A	48	ABCD	88	C	128	B	168	D
9	C	49	ABCD	89	C	129	C	169	B
10	C	50	ABCD	90	A	130	A	170	C
11	D	51	AD	91	B	131	B	171	A
12	C	52	ABC	92	B	132	D	172	B
13	D	53	AC	93	B	133	C	173	D
14	C	54	ABC	94	D	134	B	174	A
15	B	55	ABD	95	A	135	A	175	C
16	D	56	BCD	96	D	136	A	176	B
17	C	57	ABC	97	B	137	A	177	A
18	B	58	ABC	98	A	138	C	178	C
19	A	59	ABCD	99	B	139	A	179	C
20	C	60	ACD	100	A	140	B	180	A
21	D	61	ABCD	101	B	141	C	181	C
22	B	62	ABCD	102	D	142	B	182	C
23	D	63	CD	103	A	143	A	183	D
24	C	64	AC	104	D	144	A	184	B
25	D	65	ABCD	105	A	145	C	185	B
26	C	66	ABCD	106	A	146	B	186	D
27	B	67	AC	107	C	147	D	187	D
28	B	68	C	108	A	148	C	188	A
29	B	69	B	109	D	149	A	189	A
30	B	70	D	110	B	150	C	190	A
31	A	71	D	111	D	151	C	191	A
32	B	72	B	112	C	152	A	192	D
33	B	73	D	113	C	153	B	193	C
34	C	74	B	114	A	154	D	194	B
35	B	75	A	115	B	155	C	195	B
36	B	76	B	116	C	156	C	196	B
37	A	77	B	117	B	157	A	197	A
38	ABCD	78	D	118	B	158	D	198	D
39	ABCD	79	C	119	C	159	B	199	B
40	AB	80	D	120	A	160	A	200	B

练习四 Excel 电子表格软件知识

1. Excel 工作簿是计算和存储数据的（　　），每一个工作簿都可以包含多张工作表，因此可在单个文件中管理各种类型的相关信息。

    A. 文件　　　　　　　　B. 表格　　　　　　　　C. 图形　　　　　　　　D. 文档

2. Excel 是一个（　　）应用软件。

    A. 数据库　　　　　　　B. 电子表格　　　　　　C. 文字处理　　　　　　D. 图形处理

3. 在 Excel 中，所有对工作表的操作都是建立在对（　　）操作的基础上的。

    A. 工作簿　　　　　　　B. 工作表　　　　　　　C. 单元格　　　　　　　D. 数据

4. 下列关于行高的操作中，错误的叙述是（　　）。

    A. 行高是可以调整的

    B. 选择"开始"选项卡中"单元格"组的"格式"中"行高"命令，可以改变行高

    C. 选择"格式"选项卡中"单元格"菜单命令，可以改变行高

    D. 使用鼠标操作可以改变行高

5. 为单元格区域建立一个名称后，便可用该名称来引用该单元格区域。名称的命名规定第一个字符必须是（　　）。

    A. 字母　　　　　　　　B. 数字　　　　　　　　C. 反斜杠　　　　　　　D. 百分号

6. 在 Excel 操作中建立准则（条件），有时需要对不同的文字标示，使其满足同一标准。为此，Excel 提供了 3 个特殊的符号，来标示这一要求。"*"是表示（　　）。

    A. 2 个字符

    B. 一个或任意个字符

    C. 除了该符号后面的文字外，其他都符合准则

    D. 只有该符号后面的文字符合准则

7. 在建立数据清单时需要命名字段，字段名只能包含的内容是（　　）。

    A. 文字、文字公式　　　　　　　　　　B. 文字、字母、数字

    C. 数字、数值公式　　　　　　　　　　D. 文字公式、逻辑值

8. 当执行保存工作簿时，出现"另存为"对话框，则说明该文件（　　）。

    A. 作了修改　　　　B. 已经保存过　　　　C. 以前未保存过　　　　D. 不能保存

9. 在 Excel 中，若要将光标向右移动到下一个其他工作表屏幕的位置，可按（　　）键。

    A. PageUp　　　　　B. PageDown　　　　C. Ctrl+PageUp　　　　D. Ctrl+PageDown

10. 下列 Excel 的表示中，属于绝对地址的表达式是（　　）。

    A. E8　　　　　　　　B. $A2　　　　　　　　C. C$　　　　　　　　D. G5

11. 在数据图表中要增加标题，在激活图表的基础上，可以（　　）。

    A. 选择"插入"选项卡中的"标题"命令，在出现的对话框中选择"图表标题"命令

B．选择"格式"选项卡中的"自动套用格式化图表"命令

C．选择"图表工具"项中"设计"选项卡的"图表布局"组里含图表标题的一种布局，然后输入标题

D．用鼠标定位，直接输入

12．不能将工作表标签 1 移到与其相邻的工作表标签 2 右面的操作是（   ）将其拖动到工作表标签 2 右面。

A．将鼠标指针指向工作表标签 1，直接

B．单击工作表标签 1，按住"Shift"键并

C．右击工作表标签 1，执行快捷菜单中"移动或复制"命令

D．单击工作表标签 1，按住"Ctrl"键并

13．在 Excel 中，如果在工作表中某个位置插入了一个单元格，则（   ）。

A．原有单元格必定右移

B．原有单元格必定下移

C．原有单元格被删除

D．原有单元格根据选择或者右移、或者下移

14．Excel 是一个电子表格软件，其主要作用是（   ）。

A．处理文字　　　B．处理数据　　　C．管理资源　　　D．演示文稿

15．在 Excel 中，如果复制批注，复制的内容将（   ）目标单元格中原有的批注内容。

A．隐藏　　　　　B．增加　　　　　C．替换　　　　　D．以上都可能

16．在单元格中输入（9），则显示值为（   ）。

A．9　　　　　　　B．–9　　　　　　C．–　　　　　　D．"9"

17．在 Excel 中，包含文件保存、另存为等管理功能的命令面板是（   ）。

A．"插入"选项卡　　　　　　　　　B．"数据"选项卡

C．"视图"选项卡　　　　　　　　　D．"文件"菜单

18．在 Excel 中，已知 A1、B1 单元格中已分别输入数据 1、2，C1 中已输入公式=A1+B1，其他单元格均为空。若把 B1 单元内容移到 A1，则 C1 的结果为（   ）。

A．4　　　　　　　B．#REF!　　　　C．#VALUE!　　　D．2

19．在 Excel 中，如果将选定单元格（或区域）的内容消除，单元格仍然保留，此操作称为（   ）。

A．重写　　　　　B．清除　　　　　C．改变　　　　　D．删除

20．Excel 中，使用一个文本运算符"&"可以将（   ）文本连接为一个组合文本。

A．一个或多个　　B．两个　　　　　C．至少三个　　　D．最多三个

21．在 Excel 中，要在公式中引用某单元格的数据时，应在公式中输入该单元格的（   ）。

A．格式　　　　　B．符注　　　　　C．数据　　　　　D．地址

22．在 Excel 中，只需要复制某个单元格的公式而不复制该单元格格式时，选择源单元格后，右击鼠标，选择"复制"命令后，再选择要复制的目标单元格，选择（   ）。

A．"粘贴"选项中"f_x"　　　　　B．筛选

C．剪切　　　　　　　　　　　　　D．以上命令都行

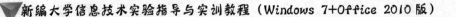

23. 在 Excel 中，进行公式复制时，（   ）发生变化。

    A. 绝对地址中的地址偏移量   B. 相对地址中所引用的单元格

    C. 绝对地址中的地址表达式   D. 绝对地址中所引用的单元格

24. 在 Excel 中，如果没有预先设定整个工作表的对齐方式，则数字自动以（   ）方式存放。

    A. 左对齐   B. 右对齐   C. 两端对齐   D. 视具体情况而定

25. 下列取值相同的表达式是（   ）。

    A. T & S 与 "T" + "S"   B. "S" & "T" 与 "T" + "S"

    C. "T" + "S" 与 "S" & "T"   D. "T" & "S" 与 LEFT（"TSST", 2）

26. 已知 A1 单元格中的公式为 =AVERAGE(B1:F6)，将 B 列删除之后，A1 单元格中的公式将调整为（   ）。

    A. =AVERAGE(＃REF!)   B. =AVERAGE(C1:F6)

    C. =AVERAGE(B1:E6)   D. =AVERAGE(B1:F6)

27. 在 Excel 操作中，在 A1 输入 =COUNT("C1",120,26)，其函数值等于（   ）。

    A. 120   B. 26   C. 3   D. 2

28. 假设在 B1 单元格存储一公式为 A$5，将其复制到 D1 后，公式变为（   ）。

    A. A$5   B. D$5   C. C$5   D. D$1

29. 假设在 A3 单元格存有一公式为 SUM(B$2:C$4)，将其复制到 B48 后，公式变为（   ）。

    A. SUM(B$50:B$52)   B. SUM(D$2:E$4)

    C. SUM(B$2:C$4)   D. SUM(C$2:D$4)

30. Excel 中有多个常用的简单函数，其中函数 AVERAGE（区域）的功能是（   ）。

    A. 求区域内数据的个数   B. 求区域内所有数字的平均值

    C. 求区域内数字的和   D. 返回函数的最大值

31. 使用菜单在已打开工作簿中移动一张工作表的正确操作是，单击被选中要移动的工作表标签，（   ）。

    A. 选择"编辑"选项卡中的"剪切"命令，再选择"粘贴"命令

    B. 右击鼠标，在弹出的快捷菜单中选择"复制"命令，再选择"编辑"中的"粘贴"命令

    C. 选择"编辑"选项卡中的"移动或复制工作表"命令，在其对话框中选定移动位置后，选中"建立副本"复选框，再单击"确定"按钮

    D. 右击鼠标，在弹出的快捷菜单中选择"移动或复制工作表"命令，在其对话框中选定移动位置后，单击"确定"按钮

32. Excel 中，要在单元格输入时间 19 点 15 分，其正确的格式为（   ）。

    A. 19-15   B. 19:15   C. 7:15   D. 19, 15

33. 在记录单的右上角显示 "3/30"，其意义是（   ）。

    A. 当前记录单仅允许 30 个用户访问   B. 当前记录是第 30 号记录

    C. 当前记录是第 3 号记录   D. 您是访问当前记录单的第 3 个用户

34. 在 Excel 中，如果希望信息能反映对原始数据的各种更改，或是需要考虑文件大小，请使用（   ）对象。

    A. 链接   B. 插入   C. 编辑   D. 使用

35. 在 Excel 中，如果要创建的工作簿中含有自己所喜爱的格式，就可以（   ）为基础来建立它。

    A. 模板   B. 模型   C. 格式   D. 工作表

36. Excel 包含 4 种类型的运算符，它们分别是算术运算符、比较运算符、文本运算符和引用运算符。其中符号"："属于（   ）。

    A. 算术运算符   B. 比较运算符   C. 文本运算符   D. 引用运算符

37. 运算符对公式中的元素进行特定类型的运算。Excel 包含 4 种类型的运算符，它们分别是算术运算符、比较运算符、文本运算符和引用运算符。其中符号"&"属于（   ）。

    A. 算术运算符   B. 比较运算符   C. 文本运算符   D. 引用运算符

38. 在 Excel 中，单元格和区域可以引用，引用的作用在于（   ）工作表上的单元格或单元格区域，并指明公式中所用数据的位置。

    A. 提示   B. 标识   C. 采用   D. 打开

39. 在 Excel 中，宏名称的首字符必须是（   ），其他字符可以是字母、数字或下划线字符。宏名称中不允许有空格。

    A. 字母   B. 数字   C. 下划线   D. 分词符

40. Excel 只把选定区域（   ）的数据放入合并所得的合并单元格。

    A. 第一列   B. 第一行   C. 左上角   D. 右下角

41. 在 Excel 中，当使用错误的参数或运算对象类型时，或者当自动更正公式功能不能更正公式时，将产生错误值（   ）。

    A. #####!   B. #DIV/0!   C. #NAME   D. #VALUE!

42. 在 Excel 中，提供了（   ）种筛选数据清单的方法。

    A. 1   B. 2   C. 3   D. 4

43. Excel 中，创建图表时，使用"图表工具"选项卡中"设计"子选项卡下的"选择数据"命令，可以实现（   ）。

    A. 正确的数据区域引用及数据系列产生在"行"或"列"

    B. 所生成图表的位置是嵌入在原工作表还是新建一图表工作表

    C. 合适的图表类型

    D. 图表标题的内容及指定分类轴、数据轴

44. Excel 中有多个常用函数，其中用于排名次的函数是（   ）。

    A. AVERAGE   B. SUM   C. RANK   D. COUNT

45. 在 Excel 中，下面不是功能选项卡中的选项是（   ）。

    A. 属性   B. 开始   C. 插入   D. 公式

46. 在 Excel 工作表中，可以选择一个或一组单元格，其中活动单元格的数目是（   ）。

    A. 1 个单元格   B. 1 行单元格

    C. 1 列单元格   D. 等于被选中的单元格数

47. 在 Excel 中，如果将一个单元格设置成"自动换行"，在其中输入文字，该单元格不能容纳输入的内容时，（   ）。

    A．该单元格的行宽会自动增大

    B．该单元格保持大小不变

    C．所有单元格的行宽会自动增大

    D．该单元格所在行的行宽会自动减小

48. 在 Excel 中，将所选多列调整为等列宽，最快的方法是（   ）。

    A．直接在列标处用鼠标拖动至等列宽

    B．无法实现

    C．选择"开始"选项卡下"格式"组中的"列宽"项，在弹出的对话框中输入列宽值

    D．选择"格式"选项卡中的"列"项，在子菜单中选择"最合适列宽"项

49. Excel 中，在单元格输入日期时，两种可使用的年、月、日间隔符是（   ）。

    A．圆点（.）或竖线（|）   B．斜杠（/）或反斜杠（\）

    C．斜杠（/）或连接符（-）   D．反斜杠（\）或连接符（-）

50. 在 Excel 中，不能和工作簿文件进行数据转换的文件类型是（   ）。

    A．txt   B．dbf   C．mdb   D．exe

51. 在 Excel 中，图表是工作表数据的一种视觉表现形式，图表是动态的，改变图表（   ）后，系统就会自动更新图表。

    A．X 轴数据   B．Y 轴数据   C．标题   D．所依赖数据

52. 在 Excel 工作画面上，"状态栏"位于屏幕的（   ）。

    A．上面   B．下面   C．左面   D．右面

53. Excel 的工作簿窗口最多可包含（   ）张工作表。

    A．1   B．8   C．16   D．255

54. 我们将在 Excel 环境中用来存储并处理工作表数据的文件称为（   ）。

    A．单元格   B．工作区   C．工作簿   D．工作表

55. 在 Excel 中，可以实现（   ）。

    A．跨行置中   B．跨边置中   C．跨列居中   D．跨列置边

56. 使用宏功能，可选择（   ）完成。

    A．"视图"选项卡   B．"工具"选项卡

    C．"自定义"选项卡   D．"开始"选项卡

57. Excel 电子表格应用软件中，具有数据（   ）的功能。

    A．增加   B．删除   C．处理   D．以上都对

58. 在 Excel 中，错误值总是以（   ）开头。

    A．$ B．&   C．@   D．#

59. 在 Excel 中，如果希望在工作表上输入正确的数据，可以为单元格或单元格区域指定输入数据的（   ）。

    A．数据格式   B．有效范围   C．无效范围   D．正确格式

60. Microsoft Office 程序使审阅他人文件或让别人审阅自己的文件变得很容易。使用 Excel 和其他 Office 软件，（   ）。

    A．可以与其他人共享文件，合作进行数据处理

    B．不可以与其他人共享文件，合作进行数据处理

    C．只能与其他人共享文件，合作进行数据处理

    D．以上都不对

61. 利用 Excel 的自定义序列功能定义新序列时，所输入的新序列各项之间用（   ）来分隔。

    A．全角逗号   B．半角逗号   C．空格符   D．任意符号

62. 在 Excel 电子表格中进行数据排序操作时，用户可以指定排序的"主要关键字"和"次要关键字"，下面叙述正确的是（   ）。

    A．全部数据先按"主要关键字"排序，保存结果之后再按"次要关键字"排序

    B．全部数据按"主要关键字"排序，当"主要关键字"相同时，才按"次要关键字"排序

    C．被指定为"主要关键字"的一列数据和被指定为"次要关键字"的一列数据，将分别按各自的升序、降序要求进行排序

    D．只有"次要关键字"相同时，"主要关键字"才会有效

63. 在 Excel 中，如果内部格式不足以按所需方式显示数字数据，右击该数字单元格，选择"设置单元格格式"命令，然后使用（   ）选项卡中的"自定义"分类。

    A．字体   B．对齐   C．数字   D．保护

64. 如果将 Excel 工作簿设置为只读，对工作簿的更改（   ）在同一个工作簿文件中。

    A．仍能保存   B．不能保存   C．部分保存   D．以上都不对

65. 一个单元格内容的最大长度为（   ）个字符。

    A．64   B．128   C．225   D．256

66. 下列操作中，不能退出 Excel 的操作是（   ）。

    A．选择"文件"菜单中的"关闭"命令

    B．选择"文件"菜单中的"退出"命令

    C．单击标题栏左端 Excel 窗口的控制菜单按钮，选择"关闭"命令

    D．按快捷键 Alt+F4

67. 在单元格中输入（   ），使该单元格的值为8。

    A．="160/20"   B．=160/20   C．160/20   D．"160/20"

68. 一个工作表各列数据均含标题，要对所有列数据进行排序，用户应选取的排序区域是（   ）。

    A．含标题的所有数据区   B．含标题任一列数据

    C．不含标题的所有数据区   D．不含标题任一列数据

69. 选择"开始"选项卡"插入"选项组中的"插入工作表"命令，每次可以插入（   ）个工作表。

    A．1   B．2   C．3   D．4

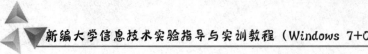

70. 某区域包括 8 个单元格 B2、B3、C2、C3、D2、D3、E2 和 E3，下列表示该单元格区域的写法中正确的是（　　）。

    A. B2:E3　　　　　B. B3:E2　　　　　C. E2:B3　　　　　D. E3:B2

71. 假设 B1 为文字"100"，B2 为数字"3"，则 COUNT(B1:B2)等于（　　）。

    A. 103　　　　　　B. 100　　　　　　C. 3　　　　　　　D. 1

72. Excel 中，函数 INT(12.23)的值为（　　）。

    A. 12　　　　　　B. 13　　　　　　C. 12.2　　　　　D. -12.23

73. 为了区别"数字"与"数字字符串"数据，Excel 要求在输入项前添加（　　）符号来确认。

    A. "　　　　　　　B. '　　　　　　　C. #　　　　　　　D. @

74. 在 Excel 工作表中，每个单元格都有唯一的编号叫地址，地址的使用方法是（　　）。

    A. 字母+数字　　　　　　　　　　B. 列标+行号

    C. 数字+字母　　　　　　　　　　D. 行号+列标

75. 在 A1 单元格输入 2，在 A2 单元格输入 5，然后选中 A1:A2 区域，拖动填充柄到单元格 A3:A8，则得到的数字序列是（　　）。

    A. 等比序列　　　B. 等差序列　　　C. 日期序列　　　D. 小数序列

76. 在 Excel 中，设置单元格有效性数据输入条件的选项卡是（　　）。

    A. 数据　　　　　B. 视图　　　　　C. 工具　　　　　D. 文件

77. 下面是有关 Excel 中数据清单与工作表的关系的叙述，错误的是（　　）。

    A. 在一张工作表上只能建立一个数据清单

    B. 若一张工作表没有创建数据清单，则默认的数据清单就是工作表本身

    C. 数据清单是包含相关数据的工作表中的数据行

    D. 一张二维的工作表可以被直接看作是它的数据清单

78. 在 Excel 工作簿窗口的底部为状态行，当其右部显示"CAPS"或"大写"时，表示（　　）。

    A. 工作表进入滚动状态　　　　　B. 键盘字母键处于大写状态

    C. 工作表的公式计算出现死循环　　D. 工作表需要重新进行计算

79. 在 Excel 中，自定义工具栏或菜单可以用（　　）来建立。

    A. "编辑"菜单中的"填充"命令

    B. "工具"菜单中的"保护"命令

    C. "格式"菜单中的"自动套用格式"命令

    D. "文件"菜单中的"选项"，在"Excel 选项"对话框中再选择"快速访问工具栏"项

80. 在 Excel 电子表格中，工作表 Sheet1 中 A1 单元格和 Sheet2 中 A1 单元格内容都是数值 5，要在工作表 Sheet3 的 A1 单元格中计算上述两个单元格的数值之和，sheet3 中 A1 单元格中的公式是（　　）。

    A. =SUM(Sheet!A1:A1)　　　　　B. =SheetA1 + SheetA1

    C. =Sheet1!A1 + Sheet2!A1　　　　D. =SheetA1 + Sheet2A1

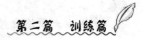

81. 任何输入到单元格内的字符集，只要不被系统解释成数字、公式、日期、时间、逻辑值，则 Excel 将其视为（　　　）。

    A．表格　　　　　　B．图表　　　　　　C．文字　　　　　　D．地址

82. Excel 工作簿文件的扩展名约定为（　　　）。

    A．.docx　　　　　　B．.txt　　　　　　C．.xlsx　　　　　　D．.mdb

83. 在 Excel 中，（　　　）函数是计算工作表一串数据的最大值。

    A．MAX(A1:A10)　B．AVG(A1:A10)　C．MIN(A1:A10)　D．COUNT(A1:A10)

84. 在 Excel 中，各运算符号的优先级由高到低顺序为（　　　）。

    A．算术运算符、比较运算符、文本运算符和引用运算符

    B．文本运算符、算术运算符、比较运算符和引用运算符

    C．引用运算符、算术运算符、文本运算符、关系运算符

    D．比较运算符、算术运算符、引用运算符、文本运算符

85. 在 Excel 中，选择了一个单元格，要把该单元格删掉，可用"开始"选项卡中"单元格"组中的（　　　）命令。

    A．复制单元格　　B．删除单元格　　C．清除单元格　　D．替换单元格

86. 在 Excel 中，单元格中的数字可以被设定成各种显示格式，能将其按（　　　）格式显示。

    A．删除线　　　　　B．上标　　　　　　C．数组　　　　　　D．文本

87. 启动 Excel 的正确操作方法之一是，选择 Windows 桌面上"开始"按钮中的"所有程序"命令，在打开的程序列表中单击（　　　）。

    A．Microsoft Word　　　　　　　　　B．Microsoft Excel

    C．Microsoft PowerPoint　　　　　　D．Microsoft Exchange

88. 保存一个新工作簿的常规操作是，选择"文件"菜单中的"保存"命令，在"另存为"对话框的"文件名"文本框中输入新名字，然后（　　　）来存放文档，最后单击"确定"按钮。

    A．选择适当的驱动器、文件夹

    B．选择适当的驱动器、文件夹及文件类型

    C．选择适当的驱动器

    D．直接

89. 在 Excel 中，系统在进行排序时，如选择递增方式，排序结果一般会按（　　　）的顺序进行排序。

    A．数值，中文，日期，字母　　　　B．数值，字母，中文，日期

    C．中文，数值，日期，字母　　　　D．数值，日期，字母，中文

90. 下列操作中，不能为表格设置边框的操作是（　　　）。

    A．选择"开始"选项卡，选择"单元格"组中的"格式"命令后选择"设置单元格格式"命令

    B．利用绘图工具绘制边框

    C．套用表格格式

    D．利用快捷菜单中的"设置单元格格式"命令

91. 打开一个工作簿文件的操作步骤是（　　）。

A. 选择"插入"选项卡中的"文件"命令，在对话框的"文件名"输入框中选择需要打开的工作簿，单击"确定"按钮

B. 选择"插入"选项卡中的"文件"菜单命令，在对话框的"文件名"输入框中选择需要打开的工作簿，单击"取消"按钮

C. 选择"文件"中"打开"菜单命令，在"打开"对话框的"文件名"输入框中选择需要打开的工作簿，单击"取消"按钮

D. 选择"文件"中的"打开"菜单命令，在"打开"对话框的"文件名"输入框中选择需要打开的工作簿，单击"打开"按钮

92. 文件以带密码的形式存盘时，为了防止他人窥视输入密码的每个字母，屏幕上会以（　　）符号显示输入的字符。

A. #　　　　　　　　B. *　　　　　　　　C. %　　　　　　　　D. ?

93. 打开文档文件是指（　　）。

A. 为文档开设一个空白文本区

B. 把文档文件从外存中读入内存，并显示出来

C. 把文档内容从内存读出，并显示出来

D. 显示并打印文档内容

94. 需要（　　）而变化的情况下，必须引用绝对地址。

A. 在引用的函数中填入一个范围时，为使函数中的范围随地址位置不同

B. 把一个单元格地址的公式复制到一个新的位置时，为使公式中单元格地址随新位置

C. 把一个含有范围的公式或函数复制到一个新的位置时，为使公式或函数中范围不随新位置不同

D. 把一个含有范围的公式或函数复制到一个新的位置时，为使公式或函数中范围随新位置不同

95. 在 Excel 中，打开"开始"选项卡，选择"编辑"组中"清除"命令，不能实现（　　）。

A. 清除单元格数据的格式　　　　　　B. 清除单元格的批注

C. 清除单元格中的数据　　　　　　　D. 移去单元格

96. 在 Excel 中，选择降序排序，在序列中空白的单元格行被（　　）。

A. 放置在排序数据清单的最后　　　　B. 放置在排序数据清单的最前

C. 不被排序　　　　　　　　　　　　D. 保持原始次序

97. 在 Excel 中，随机函数 RAND()将产生一个（　　）的数值。

A. 0 到期 100 之间　　　　　　　　　B. 0 到 1 之间

C. 1 到 10 之间　　　　　　　　　　 D. 任意

98. 在 Excel 工作表中，正确表示 IF 函数的表达式是（　　）。

A. IF("平均成绩">60,"及格","不及格")

B. IF(e^2>=60,"及格","不及格")

C．IF(f2>60、及格、不及格)

D．IF(e2>60,及格,不及格)

99．Excel 函数的参数可以有多个，相邻参数之间可用（　　　）分隔。

　　A．空格　　　　　　B．分号　　　　　　C．逗号　　　　　　D．/

100．Excel 公式中所使用的运算符有多种类型，不同类型运算符的运算优先级不同，如下优先级最高的是（　　　）。

　　A．+-/*　　　　　　B．<>=　　　　　　C．&　　　　　　D．（）

101．已知单元格 A1、B1、C1、A2、B2、C2 中分别存放数值 1、2、3、4、5、6，单元格 D1 中存放着公式＝A1+B1-C1,此时将单元格 D1 复制到 D2，则 D2 中的结果为（　　　）。

　　A．1　　　　　　B．2　　　　　　C．3　　　　　　D．0

102．Excel 工作表中，单元格 A1、A2、B1、B2 的数据分别是 7、6、10、"x"，函数 COUNT(a1:b2)的值是（　　　）。

　　A．1　　　　　　B．B2　　　　　　C．3　　　　　　D．4

103．关于 Excel 函数的参数，如下说法中错误的是（　　　）。

　　A．一个函数可以有多个参数　　　　　　B．有些函数可以没有参数

　　C．函数参数放在（）中　　　　　　　　D．一个函数只能有一个参数

104．在 Excel 系统中，以下关于函数参数的说法，错误的说法是（　　　）。

　　A．单元格、区域、区域名、逻辑值等均可作为参数

　　B．常数、文本、公式、函数都可作为参数

　　C．公式和函数不能作为参数

　　D．常数、单元格、区域、区域名、逻辑值、文本、公式、函数等都可作为参数

105．Excel 应用程序中，以下关于公式在复制过程中的变化情况,正确的说法是（　　　）。

　　A．公式引用的相对地址也相应发生改变，其结果不变

　　B．公式引用的绝对地址也相应发生改变，其结果将改变

　　C．公式引用的相对地址相应发生改变，其结果可能改变

　　D．公式在复制过程中，其引用的所有数据也相应改变，其结果也改变

106．在 Excel 应用程序中，以下关于移动包含公式的单元格时，叙述错误的是（　　　）。

　　A．移动时，公式的值相应的不改变

　　B．移动时，其引用的单元地址不改变，值也不变

　　C．移动时，公式中被引用的相对地址相应改变，其值不改变

　　D．移动时，公式中被引用的相对地址相应改变，其值被改变

107．若 A1 单元格内容为"吴人"，B1 单元格内容为 88，要使 C1 单元格中得到"吴人成绩为 88"，则在 C1 中输入"＝"后，再输入（　　　）。

　　A．A1&成绩为&B1　　　　　　　　　　B．"A1"&"成绩为"&"B1"

　　C．A1+"成绩为"+B1　　　　　　　　　D．A1 &"成绩为"& B1

108．已知单元格 A1 中已输入数值 563.68，若输入函数 ROUND(A1，1)，则该函数值为（　　　）。

　　A．563.7　　　　　　B．563.8　　　　　　C．563　　　　　　D．564

109. 在编辑工作表时，将第 3 行隐藏起来，编辑后打印该工作表时，对第 3 行的处理是（   ）。

    A. 打印第 3 行   B. 不打印第 3 行   C. 不确定   D. 以上都不对

110. 工作表的冻结中是指将工作表窗口的（   ）固定住，不随滚动条而移动。

    A. 任选行或列   B. 上部或左部   C. 任选行   D. 任选列

111. 将某单元格数值格式设置为"#，##0.00"，其含义是（   ）。

    A. 整数 4 位，保留 2 位小数

    B. 整数 4 位，千位加分节符，保留 2 位小数

    C. 整数 4 位，小数 2 位

    D. 整数 1 位，小数 2 位

112. 在工作表中，如果选择了输入有公式的单元格，则单元格显示（   ）。

    A. 公式   B. 空白   C. 公式的结果   D. 公式和结果

113. 在 Excel 中，可以使用组合键（   ）输入当天日期。

    A. Ctrl+;   B. Tab+;   C. Shift+;   D. Alt+;

114. 向单元格输入数据或公式后，然后单击编辑栏上的按钮"√"则相当于按（   ）键。

    A. Del   B. Shift   C. Esc   D. Enter

115. 在 Excel 数据列表的应用中，分类汇总适合于按（   ）字段进行分类。

    A. 一个   B. 多个   C. 两个   D. 三个

116. 可以将 Excel 数据以图形方式显示在图表中。图表与生成他们的工作表数据相链接。修改工作表数据时，图表（   ）。

    A. 不会更新   B. 可能被更新   C. 设置后会被更新 D. 会被更新

117. 如果公司里有内部 Web，则可以在（   ）上打开 Excel 工作簿。

    A. Intranet   B. 本地硬盘   C. Internet   D. 硬盘

118. 在 Excel 中，对一含标题行的工作表进行排序，当在"排序"对话框中的"数据包含标题"前复选框未被选中时，该标题行（   ）。

    A. 将参加排序   B. 将不参加排序

    C. 位置总在第一行   D. 位置总在倒数第一行

119. 在 Excel 单元格中，（   ）单元格可能表示要部分修改其中内容。

    A. 单击   B. 双击   C. 拖动   D. 右击

120. 在 Excel 中，删除单元格和清除单元格的操作（   ）。

    A. 一样   B. 不一样

    C. 不确定   D. 视单元格内容而定

121. 在 Excel 中，用工具栏中的"格式刷"按钮复制某一区域的格式，在粘贴时只选择一个单元格，则（   ）命令。

    A. 无法粘贴

    B. 以该单元格为左上角，向下、向右粘贴整个区域的格式

    C. 以该单元格为右上角，向上、向左粘贴整个区域的格式

    D. 以该单元格为中心，向四周粘贴整个区域的格式

122. 在 Excel 中，单元格的格式（   ）。

    A. 一旦确定，将不能改变

    B. 随时可以改变

    C. 依输入数据的格式而定，并不能改变

    D. 更改后，将不能改变

123. 在 Excel 中，基于某一数据区域可以建立两种方式的图表，即嵌入式图表和单独式图表。当数据发生变化时，（   ）。

    A. 嵌入式图表自动更新，单独式图表不自动更新

    B. 嵌入式图表不自动更新，单独式图表自动更新

    C. 嵌入式图表和单独式图表均不自动更新

    D. 嵌入式图表和单独式图表均自动更新

124. 在 Excel 中，当某一单元格显示一排与单元格等宽的"#"时，（   ）的操作不可能将其中数据正确显示出来。

    A. 加宽所在列的显示宽度　　　　　B. 改变单元格的显示格式

    C. 减少单元格的小数点位数　　　　D. 取消单元格的保护状态

125. 在 Excel 中，如果没有预先设定整个工作表对齐方式，则字符型数据自动以（   ）方式存放。

    A. 左对齐　　　　　　　　　　　　B. 右对齐、左对齐

    C. 中间对齐　　　　　　　　　　　D. 视情况而定

126. 利用鼠标拖放移动数据时，若出现"是否替换目标单元格内容？"的提示框，则说明（   ）。

    A. 目标区域尚为空白　　　　　　　B. 不能用鼠标拖放进行数据移动

    C. 目标区域已经有数据存在　　　　D. 数据不能移动

127. 删除当前工作表中某行的正确操作步骤是，选定该行，（   ）。

    A. 按"Delete"键

    B. 选择"编辑"组中的"清除"菜单命令

    C. 选择"编辑"组中的"剪切"菜单命令

    D. 选择"单元格"组中的"删除"中的"删除工作表行"命令

128. 设置单元格中数据居中对齐方式的操作方法是（   ）。

    A. 单击"格式"选项卡中"跨列居中"按钮

    B. 选定单元格区域，选择"开始"选项卡|"单元格"组|"格式"|"设置单元格格式"对话框|"对齐"|"水平对齐"|"跨列居中"命令

    C. 选定单元格区域，单击格式工具栏"居中"按钮

    D. 单击"格式"选项卡的"居中"按钮

129. 在 A1 单元格中输入=SUM(8,7,8,7)，则其值为（   ）。

    A. 15　　　　　B. 30　　　　　C. 7　　　　　D. 8

130. 当在某单元格内输入一个公式并确认后，单元格内容显示为"#REF!"，它表示（   ）。

    A. 公式引用了无效的单元格　　　　B. 某个参数不正确

    C. 公式被零除　　　　　　　　　　D. 单元格太小

131. Excel 的主要功能包括（　　）。

A. 电子表格、图表、数据库　　　　B. 电子表格、文字处理、数据库

C. 电子表格、工作簿、数据库　　　　D. 工作表、工作簿、图表

132. 在一个工作表中，"删除工作表行"命令是指（　　）。

A. 用删除行命令时，只删除该行记录的数据内容

B. 用删除行命令时，只是该行所有单元格的格式全被删除

C. 用删除行命令时，只是该行所有单元格的公式全被删除

D. 仅删除数据清单中该行记录的所有单元格，数据清单之外的单元格不受影响

133. Excel 中提供的工作表都以"Sheet1"来命名，重新命名工作表的正确操作是，（　　）输入名称，单击"确定"按钮。

A. 选择"插入"选项卡的"名称"下的"指定"菜单命令，在其对话框

B. 选择"插入"选项卡的"名称"下的"定义"菜单命令，在其对话框

C. 双击选中的工作表标签，在工作表标签中

D. 单击选中的工作表标签，在"重新命名工作表"对话框

134. 要在已打开工作簿中复制一张工作表的正确菜单操作是，单击被复制的工作表标签，（　　）。

A. 选择"编辑"选项卡中的"复制"下的"选择性粘贴"菜单命令，在其对话框中选定粘贴内容后单击"确定"按钮

B. 右击工作表名，选择"移动或复制"命令，打开"移动或复制工作表"对话框，在对话框中选定复制位置后，单击"建立副本"复选框，再单击"确定"按钮

C. 选择"编辑"选项卡中的"移动或复制工作表"菜单命令，在对话框中选定复制位置后，再单击"确定"按钮

D. 选择"编辑"选项卡中的"复制"下的"粘贴"菜单命令

135. 在单元格中输入公式时，编辑栏上的"√"按钮表示（　　）操作。

A. 拼写检查　　　B. 函数向导　　　C. 确认　　　D. 取消

136. Excel 表示的数据库文件中最多可有（　　）条记录。

A. 65536　　　B. 65535　　　C. 1023　　　D. 1024

137. 在 Excel 操作中，如果单元格中出现"#DIV/O!"的信息，这表示（　　）。

A. 公式中出现被零除的现象　　　　B. 单元格引用无效

C. 没有可用数值　　　　　　　　　　D. 结果太长，单元格容纳不下

138. 在 Excel 操作中，若要在工作表中选择不连续的区域时，应当按住（　　）键再单击需要选择的单元格。

A. Alt　　　　B. Tab　　　　C. Shift　　　　D. Ctrl

139. 在 Excel 操作中，假设在 B5 单元格中存有一公式为 SUM(B2:B4)，将其复制到 D5 后，公式将变成（　　）。

A. SUM(B2:B4)　　　　　　　　B. SUM(B2:D4)

C. SUM(D2:D4)　　　　　　　　D. SUM(D2:B4)

140. 在 Excel 操作中，在单元格中输入公式时，公式中可含数字及各种运算符号，但不能包含（　　）。

    A. 回车符   B. %   C. &   D. $

141. 在 Excel 中，想要向已有图表中添加一个数据系列，不可实现的操作方法是（　　）。

    A. 在嵌入图表的工作表中选定想要添加的数据，选择"插入"选项卡中"图表"菜单命令，将数据添加到已有的图表中

    B. 在嵌入图表的工作表中选定想要添加的数据，然后将其直接拖放到嵌入的图表中

    C. 右击图表，选择"选择数据"菜单命令，在其对话框完成添加

    D. 选择"图表工具"选项卡的"设计"中"选择数据"命令，在其对话框中完成添加

142. 在一工作表中筛选出某项的正确操作方法是（　　）。

    A. 鼠标单击数据清单外面的任一单元格，选择"数据"选项卡中"筛选"下的"自动筛选"命令，鼠标单击想查找列的向下箭头，从下拉菜单中选择筛选项

    B. 鼠标单击数据清单中的任一单元格，选择"开始"选项卡中"编辑"组里的"排序和筛选"下的"筛选"命令，完成筛选

    C. 选择"编辑"选项卡中的"查找"菜单命令，在"查找"对话框的"查找内容"文本框输入要查找的项，单击"关闭"按钮

    D. 选择"编辑"选项卡中的"查找"命令，在"查找"对话框的"查找内容"文本框输入要查找的项，单击"查找下一个"按钮

143. 一个工作表中各列数据的第一行均为标题，若在排序时选取标题行一起参与排序，则排序后标题行在工作表数据清单中将（　　）。

    A. 总出现在第一行

    B. 总出现在最后一行

    C. 依指定的排序顺序而确定其出现位置

    D. 总不显示

144. 在 Excel 中，想要删除已有图表的一个数据系列，能实现的操作方法是（　　）。

    A. 在图表中单击选定这个数据系列，按"Delete"键

    B. 在工作表中选定这个数据系列，选择"开始"选项卡"编辑"组中"清除"菜单命令

    C. 在图表中单击选定这个数据系列，选择"开始"选项卡"编辑"组中"图表"下的"系列"命令

    D. 在工作表中选定这个数据系列，选择"开始"选项卡"编辑"组中"清除"下的"格式"命令

145. 使用记录单增加记录时，当输完一个记录的数据后，按（　　）便可再次出现一个空白记录单以便继续增加记录。

    A. "关闭"按钮   B. "下一条"按钮

    C. "↑"键   D. "↓"键或回车键或"新建"按钮

146. 当删除行和列时，后面的行和列会自动向（　　）或（　　）移动。

    A. 下、左　　　　　B. 上、左　　　　　C. 上、右　　　　　D. 下、右

147. Excel 中提供了工作表窗口拆分的功能以方便对一些较大工作表的编辑。要水平分割工作表，简便的操作是将鼠标指针（　　），然后用鼠标将其拖动到某一位置。

    A. 指向水平分割框

    B. 指向工作表标签拆分框

    C. 选择"视窗"选项卡中的"窗口"组下的"新建窗口"命令

    D. 选择"视窗"选项卡中的"窗口"组下的"重排窗口"命令

148. Excel 工作表的最后一个单元格的地址是（　　）。

    A. IV65536　　　　B. IU65536　　　　C. IU65535　　　　D. IV65535

149. 日期 2005-1-30 在 Excel 系统内部存储的格式是（　　）。

    A. 2005．1.30　　　B. 1，30，2005　　C. 2005，1，30　　D. 2005-1-30

150. 新建工作簿文件后，默认第一张工作簿的名称是（　　）。

    A. Book　　　　　　B. 表　　　　　　C. Book1　　　　　D. 表 1

151. 在工作表中要创建图表时最常使用的工具是（　　）。

    A. "工具"选项卡中的"图表"按钮

    B. "插入"选项卡中的"图表"组中的命令

    C. "插入"工具栏中的"屏幕截图"命令

    D. "工具"选项卡中的"图片"按钮

152. 若在数值单元格中出现一连串的"###"符号，希望正常显示则需要（　　）。

    A. 重新输入数据　　　　　　　　　B. 调整单元格的宽度

    C. 删除这些符号　　　　　　　　　D. 删除该单元格

153. 在 Excel 中，一个数据清单由（　　）3 个部分组成。

    A. 数据、公式和函数　　　　　　　B. 公式、记录和数据库

    C. 工作表、数据和工作簿　　　　　D. 区域、记录和字段

154. 在同一个工作簿中区分不同工作表的单元格，要在地址前面增加（　　）来标识。

    A. 单元格地址　　B. 公式　　　　　C. 工作表名称　　D. 工作簿名称

155. 正确插入单元格的常规操作步骤是，选定插入位置，（　　）对话框中作适当选择后单击"确定"按钮。

    A. 右击鼠标，选择"插入"菜单命令，再选择"插入批注"

    B. 选择"开始"选项卡中的"单元格"组中"插入"里的"插入单元格"命令

    C. 选择"工具"中的"选项"菜单命令，在"选项"

    D. 选择"插入"中的"对象"菜单命令，在"对象"

156. 自定义序列可以通过（　　）来建立。

    A. 选择"格式"选项卡中的"自动套用格式"菜单命令

    B. 选择"数据"选项卡中的"排序"菜单命令

    C. 选择"文件"菜单中"选项"命令，再选择"Excel 选项"窗口中的"高级"
       选项，在"常规"组中选择"编辑自定义列表"命令

    D. 选择"编辑"选项卡中的"填充"菜单命令

157. 准备在一个单元格内输入一个公式，应先输入（　　　）先导符号。

　　A. $ 　　　　　　B. > 　　　　　　C. 〈 　　　　　　D. =

158. 在同一个工作簿中要引用其他工作表某个单元格的数据（如 Sheet8 中 D8 单元格中的数据），下面表达方式中正确的是（　　　）。

　　A. =Sheet8!D8 　　　　　　　　　B. =D8（Sheet8）

　　C. =+Sheet8!D8 　　　　　　　　D. $Sheet8>$D8

159. 在单元格输入负数时，可使用的两种负数表示方法是（　　　）。

　　A. 反斜杠（＼）或连接符（－）　　B. 斜杠（／）或反斜杠（＼）

　　C. 斜杠（／）或连接符（－）　　　D. 在负数前加一个减号或用圆括号

160. 当进行筛选记录操作时，某列数据进行了筛选记录的设置，则该列的下拉按钮颜色改变为（　　　）。

　　A. 绿色 　　　　B. 红色 　　　　C. 黄色 　　　　D. 蓝色

161. 绝对地址在被复制或移动到其他单元格时，其单元格地址（　　　）。

　　A. 不会改变 　　B. 部分改变 　　C. 发生改变 　　D. 不能复制

162. 在 Excel 中，下面关于分类汇总的叙述错误的是（　　　）。

　　A. 分类汇总前必须按关键字段排序数据库

　　B. 汇总方式只能是求和

　　C. 分类汇总的关键字段只能是一个字段

　　D. 分类汇总可以被删除，但删除汇总后排序操作不能撤销

163. 在 Excel 中，为单元格区域设置边框的正确操作是（　　　），最后单击"确定"按钮。

　　A. 选择"工具"中的"选项"菜单命令，选择"视图"选项卡，在"显示"列表中选择所需要的格式类型

　　B. 选择"格式"中的"单元格"菜单命令，在对话框中选择"边框"选项卡，然后选择所需的项

　　C. 选定要设置边框的单元格区域，选择"工具"中的"选项"菜单命令，在对话框中选择"视图"选项卡，在"显示"列表中选择所需要的格式类型

　　D. 选定要设置边框的单元格区域，选择"开始"选项卡中的"单元格"组，再选择"格式"中的"设置单元格格式"命令，并在其对话框中选择"边框"选项卡，然后选择所需的项

164. 在 Excel 中，如果单元格 A5 的值是单元格 A1、A2、A3、A4 的平均值，则不正确的输入公式为（　　　）。

　　A. =AVERAGE(A1:A4) 　　　　　　B. =AVERAGE(A1,A2,A3,A4)

　　C. =(A1+A2+A3+A4)/4 　　　　　D. =AVERAGE(A1+A2+A3+A4)

165. 在 Excel 输入数据的以下 4 项操作中，不能结束单元格数据输入的操作是（　　　）。

　　A. 按"Shift"键 　　　　　　　　B. 按"Tab"键

　　C. 按"Enter"键 　　　　　　　　D. 单击其他单元格

166. 新建一个空的 Excel 工作簿，默认的工作表个数是（　　　）。

　　A. #### 　　　B. 4 　　　　C. 1 　　　　D. 3

167. 为了在屏幕上同时显示两个打开的工作簿，要使用"视图"选项卡中（　　）命令。

    A．新建窗口　　　　B．重排窗口　　　　C．折分窗口　　　　D．以上都不是

168. 关于 Excel 区域定义不正确的论述是（　　）。

    A．区域可由单一单元格组成　　　　　　B．区域可由同一列连续多个单元格组成

    C．区域可由不连续的单元格组成　　　　D．区域可由同一行连续多个单元格组成

169. 在工作表中，当单元格添加批注后，其（　　）出现红点，当鼠标指向该单元格时，即显示批注信息。

    A．左上角　　　　　B．右上角　　　　　C．右下角　　　　　D．左下角

170. 在输入分数时，要先输入（　　）。

    A．空格　　　　　　B．/　　　　　　　　C．0/　　　　　　　D．0 空格

171. 表示做除法时分母为零的错误值是（　　）。

    A．#VALUE!　　　　B．#######　　　　C．#NUM!　　　　　D．#DIV/O!

172. Excel 启动后有两个窗口组成，一个是主窗口，另一个是（　　）。

    A．工作表窗口　　　B．标题窗口　　　　C．工作簿窗口　　　D．皆不是

173. 下面关于工作表命名的说法，正确的有（　　）。

    A．在一个工作簿中不可能存在两个完全同名的工作表

    B．工作表可以定义成任何字符，任何长度的名字

    C．工作表的名字只能以字母开头，且最多不超过 32 字节

    D．工作表命名后还可以修改，复制的工作表一定是自动在后面加上数字以示区别

174. 使用 Excel 应用软件复制数据，（　　）。

    A．不能把一个区域的格式，复制到另一工作簿或表格

    B．可以把一个区域的格式，复制到另一个工作簿，但不能复制到另一张表格

    C．可以把一个区域的格式，复制到另一工作簿或表格

    D．可以把一个区域的格式，复制到另一张表格，但不能复制到另一个工作簿

175. 在 Excel 操作中，某公式中引用了一组单元格，它们是(C3:D7,A1:F1)，该公式引用的单元格总数为（　　）。

    A．4　　　　　　　　B．12　　　　　　　C．16　　　　　　　D．22

176. 在 Excel 操作中，图表工作表的工作表默认名称是（　　）。

    A．图表 1　　　　　B．Graph1　　　　　C．Chart1　　　　　D．Sheet1

177. Excel 中有多个常用的简单函数，其中函数 SUM（区域）的功能是（　　）。

    A．求区域内所有数字的和　　　　　　　B．求区域内所有数字的平均值

    C．求区域内数据的个数　　　　　　　　D．返回函数中的最大值

178. 在 Excel 操作中，假设 A1，B1，C1，D1 单元分别为 2，3，7，3，则 SUM(A1:C1)/D1 的值为（　　）。

    A．15　　　　　　　B．18　　　　　　　C．3　　　　　　　　D．4

179. 在 Excel 中，工作表被保护后，该工作表中单元格的内容、格式（　　）。

    A．可以修改　　　　　　　　　　　　　B．都不可修改、删除

    C．可以被复制、填充　　　　　　　　　D．可移动

180．改变表格背景颜色的快速操作是（　　　）。

    A．单击"页面布局"选项卡中的"背景"按钮

    B．单击格式工具栏上的"填充色"调色板

    C．右击该单元格，单击快捷菜单上的"字体颜色"调色板

    D．选定该单元格，单击"格式"选项卡上的"填充颜色"调色板

181．Excel 工作簿中既有一般工作表又有图表，当选择"文件"菜单中的"保存"命令时，则（　　　）。

    A．只保存工作表文件

    B．只保存图表文件

    C．分成两个文件来保存

    D．将一般工作表和图表作为一个文件来保存

182．下列关于 Excel 的叙述中，不正确的是（　　　）。

    A．Excel 不能打开多个工作簿文件　　　B．工作簿是一个文件

    C．图表标题只有一行　　　D．一个工作簿最多只能有 3 个工作表

183．设定数字显示格式的作用是，设定数字显示格式后，（　　　）格式显示。

    A．整个工作簿在显示数字时将会依照所设定的统一

    B．整个工作表在显示数字时将会依照所设定的统一

    C．在被设定了显示格式的单元格区域外的单元格在显示数字时将会依照所设定的统一

    D．在被设定了显示格式的单元格区域内的数字在显示时将会依照该单元格所设定的

184．如果某个单元格中的公式为"=$D2"，这里的$D2属于（　　　）引用。

    A．绝对　　　 B．相对

    C．列绝对行相对的混合　　　D．列相对行绝对的混合

185．若 A1 单元格中的字符串是"赣南师院"，A2 单元格的字符串是"计算机系"，希望在 A3 单元格中显示"赣南师院计算机系招生情况表"，则应在 A3 单元格中输入（　　　）。

    A．=A1 & A2 &"招生情况表"　　　B．=A2 & A1 &"招生情况表"

    C．=A1+A2+"招生情况表"　　　D．=A1–A2–"招生情况表"

186．在 Excel 中，如果要在同一行或同一列的连续单元格使用相同的计算公式，可以先在第一单元格中输入公式，然后用鼠标拖动单元格的（　　　）来实现公式。

    A．列标　　　B．行标　　　C．填充柄　　　D．框

187．若 A1:A5 命名为 xi，数值分别为 10、7、9、27 和 2，C1:C3 命名为 axi，数值为 4、18 和 7，则 AVERAGE(xi,axi)等于（　　　）。

    A．10.5　　　B．42　　　C．22.5　　　D．14.5

188．在 Excel 的数据清单中，若根据某列数据对数据清单进行排序，可以利用工具栏上的"降序"按钮，此时用户应先（　　　）。

    A．选取该列数据　　　B．单击数据清单中任一单元格

    C．选取整个数据清单　　　D．单击该列数据中任一单元格

189. 现已知在 Excel 中对于"一、二、三、四、五、六、日"的升序顺序为"二、六、日、三、四、五、一"，下列有关"星期一、星期二、星期三、星期四、星期五、星期六、星期日"的降序排序正确的是（　　）。

    A．星期一、星期五、星期四、星期三、星期日、星期六、星期二

    B．星期一、星期二、星期三、星期四、星期五、星期六、星期日

    C．星期日、星期一、星期二、星期三、星期四、星期五、星期六、

    D．星期六、星期日、星期一、星期二、星期三、星期四、星期五

190. Excel 中活动单元格是指（　　）。

    A．可以随意移动的单元格

    B．随其他单元格的变化而变化的单元格

    C．已经改动了的单元格

    D．正在操作的单元格，能和用户进行交互

191. 在 Excel 中，设 E 列单元格存放工资总额，F 列用以存放实发工资。其中当工资总额>800 时，实发工资=工资总额–（工资总额–800）×税率；当工资总额≤800 时，实发工资=工资总额。设税率=0.05。则 F 列可根据公式实现。其中 F2 的公式应为（　　）。

    A．=IF(E2>800,E2-(E2-800)×0.05,E2)

    B．=IF("E2>800",E2-(E2-800)×0.05,E2)

    C．=IF(E2>800,E2,E2-(E2-800)×0.05)

    D．=IF("E2>800",E2,E2-(E2-800)×0.05)

192. 在 Excel 中，关于"筛选"的正确叙述是（　　）。

    A．自动筛选和高级筛选都可以将结果筛选至另外的区域中

    B．选择高级筛选前要在另外的区域中给出筛选条件

    C．自动筛选的条件只能是一个，高级筛选的条件可以是多个

    D．如果所选条件出现在多列中，并且条件间有"与"的关系，必须使用高级筛选

193. 在 Excel 中，编辑栏的名称栏显示为"A13"，则表示（　　）。

    A．第 1 列第 13 行　　　　　　　　B．第 1 列第 1 行

    C．第 13 列第 1 行　　　　　　　　D．第 13 列第 13 行

194. 在 Excel 中，有关行高的表述，下面说法中错误的是（　　）。

    A．整行的高度是一样的

    B．在不调整行高的情况下，系统默认设置行高自动以本行中最高的字符为准

    C．行增高时，该行各单元格中的字符也随之自动增高

    D．一次可以调整多行的行高

195. 在 Excel 工作表的单元格中，如想输入数字字符串"090615"（例如学号），则应输入（　　）。

    A．'00090615　　　B．"00090615"　　　C．00090615　　　D．\00090615

196. 如要改变 Excel 工作表的打印方向（如横向），可使用（　　）命令。

    A．"格式"选项卡中的"工作表"

    B．"文件"菜单中的"打印区域"

C．"页面布局"选项卡中的"页面设置"

D．"插入"选项卡中的"工作表"

197．在 Excel 中，把鼠标指向被选中单元格边框，当指针变成箭头时，拖动鼠标到目标单元格时，将完成（　　　）操作。

A．删除　　　　　B．移动　　　　　C．自动填充　　　　　D．复制

198．Excel 2010 版增加了许多新功能，新增功能不包括（　　　）。

A．Backstage 视图　　　　　　　　B．迷你图

C．切片器　　　　　　　　　　　　D．飞行模式

199．Excel 2010 工作界面中，标题栏左边有控制菜单图标和（　　　）。

A．快速访问工具栏　　　　　　　　B．编辑栏

C．"文件"菜单　　　　　　　　　　D．功能区

200．逻辑型数据只有两个："TRUE"表示真，"FALSE"表示假，默认情况下在单元格内（　　　）。

A．居中对齐　　　　B．左对齐　　　　C．右对齐　　　　D．分散对齐

Excel 电子表格软件知识练习题参考答案

题号	答案	题号	答案	题号	答案	题号	答案	题号	答案
1	A	41	D	81	C	121	B	161	A
2	B	42	B	82	C	122	B	162	B
3	C	43	A	83	A	123	D	163	D
4	C	44	C	84	C	124	D	164	D
5	A	45	A	85	B	125	A	165	A
6	B	46	A	86	D	126	C	166	D
7	B	47	A	87	B	127	D	167	A
8	C	48	C	88	B	128	B	168	C
9	D	49	C	89	C	129	B	169	B
10	D	50	D	90	B	130	A	170	D
11	C	51	D	91	D	131	A	171	D
12	D	52	B	92	B	132	D	172	C
13	D	53	D	93	B	133	C	173	A
14	B	54	C	94	C	134	B	174	C
15	C	55	C	95	D	135	C	175	C
16	B	56	A	96	A	136	B	176	C
17	D	57	D	97	B	137	A	177	A
18	B	58	A	98	B	138	D	178	D
19	B	59	B	99	C	139	C	179	B
20	B	60	A	100	D	140	A	180	A
21	D	61	B	101	C	141	A	181	D
22	A	62	B	102	C	142	B	182	B
23	B	63	C	103	D	143	C	183	D
24	B	64	B	104	C	144	A	184	C
25	D	65	D	105	C	145	D	185	A
26	C	66	A	106	B	146	B	186	C
27	D	67	B	107	D	147	A	187	A
28	C	68	A	108	A	148	A	188	D
29	D	69	A	109	B	149	D	189	A
30	B	70	A	110	A	150	C	190	D
31	D	71	D	111	B	151	B	191	A
32	B	72	A	112	C	152	B	192	B
33	C	73	B	113	A	153	D	193	A
34	A	74	B	114	D	154	C	194	C
35	A	75	B	115	A	155	B	195	A
36	D	76	A	116	D	156	C	196	C
37	C	77	A	117	A	157	D	197	B
38	B	78	B	118	A	158	A	198	D
39	A	79	D	119	B	159	D	199	A
40	C	80	C	120	B	160	D	200	A

练习五 PowerPoint 演示文稿软件知识

1．PowerPoint 2010 是（　　　）。

A．数据库管理软件

B．幻灯片制作软件（或演示文稿制作软件）

C．电子表格软件

D．文字处理软件

2．保存一个新演示文稿的常用操作是（　　　）。

A．单击"文件"菜单中的"保存"命令，在"另存为"对话框"文件名"文本框中输入新名字并选择适当的磁盘驱动器、文件夹，最后单击"保存"按钮

B．单击"文件"菜单中的"保存"命令，在"另存为"对话框"文件名"文本框中输入新名字并选择适当的磁盘驱动器，最后单击"保存"按钮

C．单击"文件"菜单中的"保存"命令，在"另存为"对话框"文件名"文本框中输入新名字，最后单击"保存"按钮

D．单击"文件"菜单中的"保存"命令，在"另存为"对话框"文件名"文本框中输入新名字，关闭对话框

3．打开一个已经存在的演示文稿的常规操作是（　　　）。

A．单击"文件"菜单中的"文件"命令，在其对话框的"文件名"文本框中选择需要打开的演示文稿，最后单击"确定"按钮

B．单击"文件"菜单中的"文件"命令，在其对话框的"文件名"文本框中选择需要打开的演示文稿，最后单击"打开"按钮

C．单击"文件"菜单中的"新建"命令，在"打开"对话框的"文件名"文本框中选择需要打开的演示文稿，最后单击"确定"按钮

D．单击"文件"菜单中的"打开"命令，在"打开"对话框的"文件名"文本框中选择需要打开的演示文稿，最后单击"打开"按钮

4．当保存演示文稿时，出现"另存为"对话框，则说明（　　　）。

A．该文件保存时不能用该文件原来的文件名

B．该文件不能保存

C．该文件未保存过

D．该文件已经保存过

5．在 PowerPoint 中，要选定多个图形时，需（　　　），然后用鼠标单击要选定的图形对象。

A．先按住"Alt"键　　　　　　　　B．先按住"Home"键

C．先按住"Shift"键　　　　　　　D．先按住"Ctrl"键

6. 在 PowerPoint 中，若需将幻灯片从打印机输出，可以用下列快捷键（　　）。

    A．Shift+P　　　　　　B．Shift+L　　　　　　C．Ctrl+P　　　　　　D．Alt+P

7. 剪切幻灯片，首先要选中当前幻灯片，然后（　　）。

    A．单击鼠标右键，选择"删除幻灯片"

    B．单击"开始"选项卡剪贴板功能区的"剪切"命令

    C．按住"Shift"键，然后利用拖放控制点

    D．按住"Ctrl"键，然后利用拖放控制点

8. 演示文稿的基本组成单元是（　　）。

    A．图形　　　　　　　B．幻灯片　　　　　　C．超链点　　　　　　D．文本

9. 要使所有幻灯片有统一的背景，应该采用的常规方法是（　　）。

    A．执行"设计"中的"背景"命令，在"背景"对话框中进行设置后单击"全部应用"按钮

    B．执行"设计"中的"背景"命令，在"背景"对话框中进行设置后单击"应用"按钮

    C．执行"格式"，中的"应用设计模板"命令

    D．执行"格式"中的"幻灯片配色方案"命令，在"幻灯片配色方案"对话框中进行设置后单击"应用"按钮

10. 要实现在播放时幻灯片之间的跳转，可采用的方法是（　　）。

    A．设置预设动画　　　　　　　　　　B．设置自定义动画

    C．设置幻灯片切换方式　　　　　　　D．设置超链接

11. 在 PowerPoint 中，不能完成对个别幻灯片进行设计或修饰的对话框是（　　）。

    A．背景　　　　　　　　　　　　　　B．应用设计模板

    C．幻灯片版式　　　　　　　　　　　D．母版

12. PowerPoint 中，下列说法错误的是（　　）。

    A．不可以为剪贴画重新上色

    B．可以向已存在的幻灯片中插入剪贴画

    C．可以修改剪贴画

    D．可以利用自动版式建立带剪贴画的幻灯片，用来插入剪贴画

13. PowerPoint 中，下列关于表格的说法错误的是（　　）。

    A．可以向表格中插入新行和新列　　　B．不能合并和拆分单元格

    C．可以改变列宽和行高　　　　　　　D．可以给表格添加边框

14. PowerPoint 2010 演示文档的扩展名是（　　）。

    A．.pptx　　　　　　B．.pwtx　　　　　　C．.xslx　　　　　　D．.docx

15. 在 PowerPoint 的（　　）下，可以用拖动方法改变幻灯片的顺序。

    A．幻灯片视图　　　B．备注页视图　　　C．幻灯片浏览视图　D．幻灯片放映

16. 在 PowerPoint 中需要帮助时，可以按功能键（　　）。

    A．F1　　　　　　　B．F2　　　　　　　C．F7　　　　　　　D．F8

17. 设置幻灯片的切换方式，可以单击"切换"功能选项卡的（   ）区的命令来进行。

 A．格式 B．预览 C．计时 D．切换到此幻灯片

18. 幻灯片的切换方式是指（   ）。

 A．在编辑新幻灯片时的过渡形式

 B．在编辑幻灯片时切换不同视图

 C．在编辑幻灯片时切换不同的设计模板

 D．在幻灯片放映时两张幻灯片间过渡形式

19. 下列说法中，正确的说法是（   ）。

 A．在 PowerPoint 中，可以同时打开多个演示文稿文件

 B．PowerPoint 演示文稿的打包指的就是利用压缩软件将演示文稿进行压缩

 C．PowerPoint 提供了幻灯片、备注页、幻灯片浏览、大纲和幻灯片放映共 5 种视图模式

 D．演示文稿中每张幻灯片必须用同样的背景

20. 在 Microsoft Office 中，PowerPoint 提供的演示文稿设计模板放在（   ）。

 A．Microsoft Office\Templates\2052

 B．Microsoft Office\Templates\演示文稿

 C．Microsoft Office\Samples\演示文稿设计

 D．Microsoft Office\Samples\演示文稿

21. PowerPoint 中主要的编辑视图是（   ）。

 A．幻灯片浏览视图 B．备注视图

 C．幻灯片放映视图 D．普通视图

22. 在 PowerPoint 中，对于已创建的多媒体演示文档可以用（   ）命令转移到其他未安装 PowerPoint 的机器上放映。

 A．文件|保存并发送 B．文件|发送

 C．复制 D．幻灯片放映|设置幻灯片放映

23. 在 PowerPoint 中，"开始"选项卡中"幻灯片"组的（   ）命令可以用来改变某一幻灯片的布局。

 A．背景 B．版式 C．幻灯片配色方案 D．字体

24. 在 PowerPoint 2010 各种视图中，可以同时浏览多张幻灯片，便于重新排序、添加、删除等操作的视图是（   ）。

 A．备注页视图 B．幻灯片浏览视图

 C．普通视图 D．幻灯片放映视图

25. 在"文本框"占位符（或文本框）中输入文字，以下不属于 PowerPoint 2010 字体格式的是（   ）。

 A．阳文 B．颜色 C．下划线 D．双删除线

26. 对保存在磁盘中的 PowerPoint 文件需要进行编辑时，用户选择该文件的对话框是（   ）。

 A．"文件"|"新建"菜单中的"新建"对话框

B．"文件"|"打开"菜单中的"打开"对话框

C．"编辑"|"查找"菜单中的"查找"对话框

D．"插入"|"幻灯片"菜单中的"幻灯片"对话框

27．PowerPoint 中，使字体加粗的快捷键是（　　　）。

  A．Shift+B   B．Esc+B   C．Ctrl+B   D．Alt+B

28．在 PowerPoint 中打开文件，下面的提法中正确的是（　　　）。

  A．启动一次 PowerPoint，只能打开一个文件

  B．最多能打开三个文件

  C．能打开多个文件，但不能同时打开

  D．能打开多个文件，可以同时打开

29．在 PowerPoint 2010 浏览视图下，按住"Ctrl"键并拖动某幻灯片，可以完成的操作是（　　　）。

  A．移动幻灯片 B．复制幻灯片 C．删除幻灯片 D．选定幻灯片

30．PowerPoint 在幻灯片中建立超链接有两种方式：通过把某对象作为"超链点"和（　　　）。

  A．文本框   B．文本   C．图片   D．动作按钮

31．PowerPoint 中，在（　　　）视图中，用户可以看到画面在上下两半，上面是幻灯片，下面是文本框，可以记录演讲者讲演时所需的一些提示重点。

  A．备注页   B．浏览   C．幻灯片视图 D．黑白

32．在 PowerPoint 中，通过"背景"对话框可对演示文稿进行背景和颜色的设置，打开"背景"对话框的正确方法是（　　　）。

  A．选中"文件"中的"背景"命令 B．选中"设计"中的"背景"命令

  C．选中"插入"中的"背景"命令 D．选中"设计"中的"背景样式"命令

33．PowerPoint 2010 窗口中视图有（　　　）。

  A．5 个   B．3 个   C．4 个   D．6 个

34．在 PowerPoint 中，在每张幻灯片中，最多可以生成（　　　）个不同层次的小标题。

  A．1   B．3   C．9   D．7

35．PowerPoint 中，显示出当前被处理的演示文稿文件名的栏是（　　　）。

  A．工具栏   B．菜单栏   C．标题栏   D．状态栏

36．PowetPoint 2010 模板文件的扩展名是（　　　）。

  A．.pptx   B．.potx   C．.ppsx   D．.dotx

37．在幻灯片的放映过程中要中断放映，可以直接按（　　　）键。

  A．Alt+F4   B．Ctrl+X   C．Esc   D．End

38．若用键盘按键来关闭 PowerPoint，可以按（　　　）键。

  A．Alt+F4   B．Ctrl+X   C．Esc   D．Shift+F4

39．对于演示文稿中不准备放映的幻灯片可以用（　　　）选项卡中的"隐藏幻灯片"命令隐藏。

  A．设计   B．插入   C．幻灯片放映 D．开始

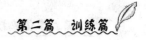

40．要使幻灯片在放映时能够自动播放，需要为其设置（　　）。

　　A．预设动画　　　　B．排练计时　　　　C．动作按钮　　　　D．录制旁白

41．在 PowerPoint 中，若想在一屏内观看多张幻灯片的播放效果，可采用的方法是（　　）。

　　A．切换到幻灯片放映视图　　　　　　B．打印预览

　　C．切换到幻灯片浏览视图　　　　　　D．切换到幻灯片大纲视图

42．在 PowerPoint 中按功能键"F7"的功能是（　　）。

　　A．打开文件　　　　B．拼写检查　　　　C．打印预览　　　　D．样式检查

43．在 PowerPoint 中按功能键"F6"的功能是（　　）。

　　A．切换下一个窗格　　　　　　　　　B．拼写检查

　　C．打印预览　　　　　　　　　　　　D．样式检查

44．在 PowerPoint 中按功能键"F5"的功能是（　　）。

　　A．打开文件　　　　B．观看放映　　　　C．打印预览　　　　D．样式检查

45．不能作为 PowerPoint 演示文稿的插入对象的是（　　）。

　　A．图表　　　　　　　　　　　　　　B．Excel 工作簿

　　C．图像文档　　　　　　　　　　　　D．Windows 操作系统

46．在 PowerPoint 2010 幻灯片浏览视图中，要选定多张不连续幻灯片，在单击选定幻灯片之前应该按住（　　）键。

　　A．Alt　　　　　　　B．Shift　　　　　　C．Ctrl　　　　　　D．Tab

47．要为所有幻灯片添加编号，下列方法中正确的是（　　）。

　　A．选择"插入"菜单的"幻灯片编号"命令即可

　　B．在母版视中，选择"插入"菜单的"幻灯片编号"命令

　　C．选择"视图"菜单的"页眉和页脚"命令，在弹出的对话框中选中"幻灯片编号"复选框，然后单击"应用"按钮

　　D．选择"视图"菜单的"页眉和页脚"命令，在弹出的对话框中选中"幻灯片编号"复选框，然后单击"全部应用"按钮

48．在 PowerPoint 的普通视图左侧的大纲窗格中，可以修改的是（　　）。

　　A．自选图形　　　　　　　　　　　　B．图表

　　C．占位符中的文字　　　　　　　　　D．文本框中的文字

49．在 PowerPoint 中，关于退出 PowerPoint 应用程序，（　　）是错误的。

　　A．单击右上角的关闭按钮

　　B．单击控制菜单图标

　　C．双击控制菜单图标

　　D．单击"文件"菜单，选择"退出"命令

50．在 PowerPoint 的打印对话框中，不是合法的"打印内容"选项是（　　）。

　　A．备注页　　　　　B．幻灯片　　　　　C．讲义　　　　　　D．幻灯片浏览

51．在 PowerPoint 中，激活超链接的动作可以是在超链上用鼠标"单击"和（　　）。

　　A．双击　　　　　　B．拖动　　　　　　C．移过　　　　　　D．右击

52. 在 PowerPoint（　　）方式下进行放映，可以一面编辑一面放映，相互对照。

　　A. 视图　　　　　　B. 浏览　　　　　　C. 编辑　　　　　　D. 放映

53. 放映当前幻灯片的快捷键是（　　）。

　　A. Shift+F5　　　　B. Shift+F6　　　　C. F5　　　　　　　D. F6

54. 演示文稿中每张幻灯片都是基于某种（　　）创建的，它预定义了新建幻灯片的各种占位符布局情况。

　　A. 视图　　　　　　B. 版式　　　　　　C. 母版　　　　　　D. 模板

55. 下列操作中，不能退出 PowerPoint 的操作是（　　）。

　　A. 单击"文件"下拉菜单中的"保存"命令

　　B. 单击"文件"下拉菜单的"退出"命令

　　C. 按快捷键"Alt+F4"

　　D. 双击 PowerPoint 窗口的控制菜单图标

56. 在 PowerPoint 中，不能对个别幻灯片内容进行编辑修改的视图方式是（　　）。

　　A. 大纲视图　　　　　　　　　　　B. 幻灯片浏览视图

　　C. 幻灯片视图　　　　　　　　　　D. 以上三项均不能

57. PowerPoint 中，下列裁剪图片的说法错误的是（　　）。

　　A. 裁剪图片是指保存图片的大小不变，而将不希望显示的部分隐藏起来

　　B. 当需要重新显示被隐藏的部分时，还可以通过"裁剪"工具进行恢复

　　C. 如果要裁剪图片，单击选定图片，再单击"图片"工具栏中的"裁剪"按钮

　　D. 按住鼠标右键向图片内部拖动时，可以隐藏图片的部分区域

58. 若要在 PowerPoint 中插入图片，下列说法错误的是（　　）。

　　A. 允许插入在其他图形程序中创建的图片

　　B. 为了将某种格式的图片插入到幻灯片中，必须安装相应的图形过滤器

　　C. 选择"插入"选项卡中的"图片"命令，再选择"来自文件"

　　D. 在插入图片前，不能预览图片

59. PowerPoint 中，下列有关表格的说法错误的是（　　）。

　　A. 要向幻灯片中插入表格，需切换到普通视图

　　B. 要向幻灯片中插入表格，需切换到幻灯片视图

　　C. 不能在单元格中插入斜线

　　D. 可以分拆单元格

60. PowerPoint 中，关于在幻灯片中插入图表的说法中错误的是（　　）。

　　A. 可以直接通过复制和粘贴的方式将图表插入到幻灯片中

　　B. 对不含图表占位符的幻灯片可以插入新图表

　　C. 只能通过插入包含图表的新幻灯片来插入图表

　　D. 双击图表占位符可以插入图表

61. 在 PowerPoint 中，对空演示文稿叙述正确的是（　　）。

　　A. 指背景是白色的演示文稿　　　　　B. 指没有文本的演示文稿

　　C. 指没有图片的演示文稿　　　　　　D. 以上都不对

62. 在 PowerPoint 中不可插入（　　）文件。

    A．AVI 文件   B．WAV 文件

    C．BMP 文件   D．EXE 文件

63. 在 PowerPoint 中，用（　　）方法，在播放时可以改变原有的幻灯片次序。

    A．隐藏幻灯片   B．通过添加按钮动作

    C．改变切换效果   D．改变幻灯片编号

64. 选定演示文稿，若要改变该演示文稿的整体外观，需要进行（　　）的操作。

    A．单击"工具"菜单中的"自动更正"命令

    B．单击"工具"菜单中的"自定义"命令

    C．单击"设计"选项卡中的"主题"组命令

    D．单击"开始"选项卡中的"版式"命令

65. 在 PowerPoint 2010 环境中，插入一张新幻灯片的快捷键是（　　）。

    A．Ctrl+N   B．Ctrl+M   C．Alt+N   D．Alt+M

66. 在 PowerPoint 2010 的普通视图下，若要插入一张新幻灯片，其操作为（　　）。

    A．单击"文件"选项卡下的"新建"命令

    B．单击"开始"选项卡下"幻灯片"组中的"新建幻灯片"按钮

    C．单击"插入"选项卡下"幻灯片"组中的"新建幻灯片"按钮

    D．单击"设计"选项卡下"幻灯片"组中的"新建幻灯片"按钮

67. 在 PowerPoint 2010 "文件"菜单中的"新建"命令的功能是建立（　　）。

    A．一个新超链接   B．插入一张新幻灯片

    C．一个演示文稿   D．一个新备注

68. 单击 PowerPoint 2010 "文件"菜单下的"最近所用文件"命令，所显示的文件名是（　　）。

    A．正在使用的文件名

    B．最近被 PowerPoint 软件处理过的文件名

    C．扩展名为 pptx 的文件名

    D．正在打印的文件名

69. 在 PowerPoint 中，创建新的幻灯片时出现的虚线框称为（　　）。

    A．占位符   B．文本框   C．图片边界   D．表格边界

70. PowerPoint 2010 演示文稿的文件名以下正确的是（　　）。

    A．作业.tppx   B．zuoye.pttx   C．*作业*.pptx   D．zuoye.pptx

71. 在 PowerPoint 2010 中，.ppsx 属于（　　）文稿格式

    A．演示文稿模板   B．PowerPoint 放映

    C．大纲/rtf   D．演示文稿

72. 在"空白"自动版式的演示文稿内输入"标题"，下列方式中，比较简单方便的是（　　）。

    A．使用"幻灯片浏览"视图   B．使用"普通"视图的大纲窗格

    C．使用"普通"视图的幻灯片窗格   D．使用"普通"视图的备注页窗格

73. 制作成功的幻灯片，如果为了以后打开时自动播放，应该在制作完成后另存的格式为（　　）。

    A. ppsx   B. pptx   C. docx   D. xlsx

74. 选择"空演示文稿"模板建立演示文稿时，在默认设置情况下，下面叙述正确的是（　　）。

    A. 可以不在"新幻灯片"对话框中选定一种自动版式

    B. 必须在"新幻灯片"对话框中选定一种自动版式

    C. 单击"常用"工具栏中的"新建"按钮，然后直接输入文本内容

    D. 单击"文件"下拉菜单中的"新建"命令，然后在"常用"对话框中选择"空演示文稿"模板后，可直接输入文本内容

75. 在计算机上放映演示文稿，操作正确的是（　　）。

    A. 单击"F5"功能键

    B. 单击"幻灯片放映"选项卡中的"幻灯片切换"命令

    C. 单击"幻灯片放映"选项卡中的"设置放映方式"命令

    D. 单击"幻灯片放映"选项卡中的"自定义放映"命令

76. 在 PowerPoint 中，安排幻灯片对象的布局可选择（　　）来设置。

    A. 应用设计模板   B. 幻灯片版式

    C. 背景   D. 配色方案

77. 若将 PowerPoint 文档保存为只能播放不能编辑的演示文稿，操作方法是（　　）。

    A. 保存对话框中的保存类型选择为"PDF"格式

    B. 保存对话框中的保存类型选择为"网页"

    C. 保存对话框中的保存类型选择为"模板"

    D. 保存（或另存为）对话框中的保存类型选择为"PowerPoint 放映"

78. 在 PowerPoint 中，用"文件"|"新建"命令可（　　）。

    A. 在文件中添加一张幻灯片   B. 重新建立一个演示文稿

    C. 清除原演示文稿中的内容   D. 插入图形对象

79. 在 PowerPoint 中，可通过"PowerPoint 选项"对话框中的"图表工具|设计选项卡"下的（　　）项改变幻灯片中插入图表的类型。

    A. 图表样式   B. 插入图表   C. 文档结构图   D. 绘图

80. 在 PowerPoint 中，设置每张纸打印三张讲义，打印的结果是幻灯片按（　　）的方式排列。

    A. 从左到右顺序放置三张讲义

    B. 从上到下顺序放置在居中

    C. 从上到下顺序放置在左侧，右侧为使用者留下适当的注释空间

    D. 从上到下顺序放置在右侧，左侧为使用者留下适当的注释空间

81. 在 PowerPoint 中，当用快速访问工具栏上的"快速打印"按钮打印幻灯片时，只能打印（　　）。

    A. 讲义   B. 注释   C. 幻灯片   D. 大纲

82. 在幻灯片视图方式下，要在幻灯片中插入"表格"，以下操作中错误的是（   ）。

    A．单击"插入"选项卡中的"对象"命令，然后在"插入对象"对话框中选择有关选项

    B．单击"插入"选项卡中的"表格"命令

    C．单击"插入"选项卡中的"文本框"命令，然后在新建立的文本框内输入表格

    D．单击快速访问工具栏中的"绘制表格"按钮

83. 在 PowerPoint 中需要帮助时，可以按功能键（   ）。

    A．F1   B．F2   C．F11   D．F12

84. 下列关于"幻灯片放映"下拉菜单中的"排练计时"和"录制旁白"命令功能的叙述中，正确的是（   ）。

    A．"录制旁白"命令中没有"链接旁白"的功能

    B．"排练计时"命令中具有"链接旁白"的功能

    C．"排练计时"和"录制旁白"命令功能一样

    D．用"录制旁白"命令制作的幻灯片，其解说词随着"录制旁白"时切换幻灯片的时序进行播放

85. 在 PowerPoint 2010 中，在普通视图下删除幻灯片的操作是（   ）。

    A．在"幻灯片"选项卡中选定要删除的幻灯片（单击它即可选定），然后按"Delete"键

    B．在"幻灯片"选项卡中选定幻灯片，再单击"开始"选项卡中的"删除"按钮

    C．在"编辑"选项卡下单击"编辑"组中的"删除"按钮

    D．以上说法都不正确

86. PowerPoint 2010 中，要隐藏某个幻灯片，则可在"幻灯片"选项卡中选定要隐藏的幻灯片，然后（   ）。

    A．单击"幻灯片放映"选项卡下"设置"组中"隐藏幻灯片"命令按钮

    B．单击"视图"选项卡下"隐藏幻灯片"命令按钮

    C．右击该幻灯片，选择"隐藏幻灯片"命令

    D．左击该幻灯片，选择"隐藏幻灯片"命令

87. 在 PowerPoint 中，文字区的插入光标存在，证明此时是（   ）状态。

    A．移动   B．文字编辑   C．复制   D．文字框选取

88. 在演示文稿编辑中，若要选定全部对象，可按快捷键（   ）。

    A．Shift+A   B．Ctrl+A   C．Shift+C   D．Ctrl+C

89. 使用 PowerPoint 时，在大纲视图方式下，输入标题后，若要输入文本，下面操作正确的是（   ）。

    A．输入标题后，按"Enter"键，再输文本

    B．输入标题后，按"Ctrl+Enter"组合键，再输文本

    C．输入标题后，按"Shift+Enter"组合键，再输文本

    D．输入标题后，按"Alt+Enter"组合键，再输文本

90. 在幻灯片视图方式下,要制作的当前幻灯片具有"标题"文本,正确的操作是(　　)。

    A. 单击"插入"选项卡中的"新幻灯片"命令,选择具有"空白"的自动版式

    B. 单击"插入"选项卡中的"新幻灯片"命令,选择具有"标题"的自动版式

    C. 单击"插入"选项卡中的"文本框"命令,然后在新建立的文本框内输入标题内容

    D. 单击"插入"选项卡中的"新幻灯片"命令,选择"大型对象"的自动版式

91. 在 PowerPoint 2010 的普通视图中,隐藏了某个幻灯片后,在幻灯片放映时被隐藏的幻灯片将会(　　)。

    A. 在幻灯片放映时不放映,但仍然保存在文件中

    B. 从文件中删除

    C. 在幻灯片放映是仍然可放映,但是幻灯片上的部分内容被隐藏

    D. 在普通视图的编辑状态中被隐藏

92. "幻灯片切换"对话框中换页方式有自动换页和手动换页,以下叙述中正确的是(　　)。

    A. 同时选择"单击鼠标换页"和"每隔_秒"两种换页方式,但"单击鼠标换页"方式不起作用

    B. 可以同时选择"单击鼠标换页"和"每隔__秒"两种换页方式

    C. 只允许在"单击鼠标换页"和"每隔__秒"两种换页方式中选择一种

    D. 同时选择"单击鼠标换页"和"每隔__秒"两种换页方式,但"每隔__秒"方式不起作用

93. 在 PowerPoint 2010 中,从头播放幻灯片文稿时,需要跳过第 5~9 张幻灯片接续播放,应设置(　　)。

    A. 幻灯片切换方式　　　　　　　　B. 设置幻灯片版式

    C. 隐藏幻灯片　　　　　　　　　　D. 删除第 5~9 张幻灯片

94. 在幻灯片浏览视图方式下,复制幻灯片,选择"粘贴"命令,其结果是(　　)。

    A. 将复制的幻灯片"粘贴"到所有幻灯片的前面

    B. 将复制的幻灯片"粘贴"到所有幻灯片的后面

    C. 将复制的幻灯片"粘贴"到当前选定的幻灯片之后

    D. 将复制的幻灯片"粘贴"到当前选定的幻灯片之前

95. 在新增一张幻灯片操作中,可能的默认幻灯片版式是(　　)。

    A. 标题幻灯片　　　　　　　　　　B. 标题和竖排文字

    C. 空白版式　　　　　　　　　　　D. 标题和内容

96. 不属于演示文稿的放映方式的是(　　)。

    A. 演讲者放映（全屏幕）　　　　　B. 观众自行浏览（窗口）

    C. 在展台浏览（全屏幕）　　　　　D. 定时浏览（全屏幕）

97. 在 PowerPoint 中,如果在幻灯片浏览视图中要选定若干张幻灯片,那么应先按住(　　)键,再分别单击各幻灯片。

    A. Tab　　　　　　B. Ctrl　　　　　　C. Shift　　　　　　D. Alt

98. 在幻灯片浏览视图中，按住"Ctrl"键，并用鼠标拖动幻灯片，将完成幻灯片的(　　)操作。

  A．剪切   B．移动   C．复制   D．删除

99. 在幻灯片浏览视图中，按住"Alt"键，并用鼠标拖动幻灯片，将完成幻灯片的(　　)操作。

  A．剪切   B．移动   C．复制   D．删除

100. 在 PowerPoint 中，要切换到"幻灯片放映"视图模式，可直接按(　　)功能键。

  A．F5   B．F6   C．F7   D．F8

101. 在 PowerPoint 提供了几种对齐工具中，其中可见的为 (　　)。

  A．标尺和水平线 B．形状和网格线 C．标尺和参考线 D．形状和辅助线

102. 在 PowerPoint 中的大纲视图中，大纲由每张幻灯片(　　)组成。

  A．图形和标题 B．标题和图片 C．正文和图片 D．标题和正文

103. PowerPoint 中放映幻灯片有多种方法，下面(　　)是错误的。

  A．选中第一张幻灯片，然后单击演示文稿窗口左下角的"幻灯片放映"按钮

  B．选中第一张幻灯片，打开幻灯片放映菜单，单击"观看放映"

  C．选中第一张幻灯片，打开"文件"菜单，单击"幻灯片放映"

  D．选中第一张幻灯片，打开"视图"菜单，单击"幻灯片放映"

104. 在 PowerPoint 中，幻灯片占位符的作用是(　　)。

  A．表示文本长度   B．为文本图形预留位置

  C．表示图形大小   D．限制插入对象的数据

105. 一般地，用户往 PowerPoint 幻灯片中添加正文，是从(　　)中输入。

  A．剪贴板 B．对象   C．占位符   D．标题栏

106. 在 PowerPoint 中，若一个演示文稿中有三张幻灯片，播放时要跳过第二张放映，可(　　)。

  A．隐藏第二张幻灯片   B．取消第二张幻灯片的切换效果

  C．取消第一张幻灯片的动画效果 D．只能删除第二张幻灯片

107. 在 PowerPoint 中，我们可以通过(　　)来发送演示文稿。

  A．Outlook   B．Microsoft Exchange

  C．Internet 账户   D．以上三种说法均可

108. 在 PowerPoint 中，Word 文档和演示文稿之间的关系是(　　)。

  A．演示文稿中可以嵌入 Word 文档

  B．可以从 Word 中输入演示大纲文件

  C．可以把演示文稿中幻灯片的内容复制到 Word 文档中

  D．以上说法均正确

109. 在 PowerPoint 中，在大纲视图中将二级标题升一级，则(　　)。

  A．脱离原来的幻灯片，而生成一张新的幻灯片

  B．变为一级标题，但仍在原幻灯片中

C．此标题级别不变，它所包含的小标题提升一级

    D．以上都不对

110．在 PowerPoint 中，在大纲视图中，将一张幻灯片中的内容移到上一张幻灯片中去，移动过程中标题的级别（　　）。

    A．升一级　　　　　B．不变　　　　　C．降一级　　　　　D．不一定

111．在 PowerPoint 中，（　　）包含的信息出现在幻灯片、纸稿或注释页的底部。

    A．页眉　　　　　B．帮助　　　　　C．页脚　　　　　D．注释

112．PowerPoint 的超链接只能是（　　）中有效。

    A．大纲视图　　B．幻灯片放映时　C．幻灯片视图　　D．幻灯片浏览视图

113．以下（　　）文件类型属于视频文件格式且被 PowerPoint 所支持。

    A．AVI　　　　　B．WPG　　　　　C．JPG　　　　　D．WINF

114．我们可以用直接的方法来把自己的声音加入到 PowerPoint 演示文稿中，这是（　　）。

    A．录制旁白　　　B．复制声音　　　C．磁带转换　　　D．录音转换

115．动画是 PowerPoint 改进的最大特征之一，它是指图形对象或文本添加（　　）的方法。

    A．特殊视觉　　　　　　　　　　B．声音效果

    C．特殊视觉和声音效果　　　　　D．以上说法均不对

116．在 PowerPoint 中，当我们选择了"视图"选项卡中的"标尺"命令后，视图顶部会出现标尺。其中，标尺下部的矩形标志的作用是（　　）。

    A．将所有文本全部向右移，但项目符号不移动

    B．将所有文本全部向右移，项目符号也移动

    C．只改变段落中所有首行文本的起始位置，但项目符号不移动

    D．只改变段落中所有首行文本的起始位置，项目符号也移动

117．在 PowerPoint 中若设置幻灯片中文字字号由小五改为二号，则打印出来（　　）。

    A．字变大了　B．与原来一样大　C．看实际情况定　D．字变小了

118．在 PowerPoint 中，多媒体效果主要指（　　）效果。

    A．图形和声音　B．声音和电影　　C．电影和文字　D．声音和文字

119．在 PowerPoint 的幻灯片放映视图放映演示文稿过程中，要结束放映，可操作的方法有（　　）。

    A．按"Esc"键　B．单击鼠标　　C．按"Ctrl+E"　D．按回车

120．下列对 PowerPoint 的主要功能叙述不正确的是（　　）。

    A．课堂教学　　B．学术报告　　C．产品介绍　　D．休闲娱乐

121．PowerPoint 是一种（　　）软件。

    A．文字处理　　B．电子表格　　C．演示文稿　　D．系统

122．PowerPoint 是制作演示文稿的软件，一旦演示文稿制作完毕，下列相关说法中错误的是（　　）。

    A．可以制成标准的幻灯片，在投影仪上显示出来

B. 不可以把它们打印出来

C. 可以在计算机上演示

D. 可以加上动画、声音等效果

123. PowerPoint 的"超链接"命令的作用是（　　）。

A. 实现演示文稿幻灯片的移动　　　B. 中断幻灯片放映

C. 在演示文稿中插入幻灯片　　　　D. 实现幻灯片内容的跳转

124. PowerPoint 的设计模板包含（　　）。

A. 预定义的幻灯片样式和配色方案　B. 预定义的幻灯片版式

C. 预定义的幻灯片背景颜色　　　　D. 预定义的幻灯片配色方案

125. 在 PowerPoint 2010 中，下列关于幻灯片版式说法正确的是（　　）。

A. 在"标题和内容"版式中，没有"剪贴画"占位符

B. 任何版式中都可以插入剪贴画

C. 剪贴画只能插入到空白版式中

D. 剪贴画只能插入到有"剪贴画"占位符的版式中

126. 下列哪一项不是 PowerPoint 模板支持的图片格式（　　）。

A. BMP　　　　B. JPG　　　　C. GIF　　　　D. WMF

127. PowerPoint 中，关于设计模板，下列说法正确的是（　　）。

A. 只限定了模板类型，可以选择版式

B. 既限定了模板类型，又限定了版式

C. 不限定模板类型和版式

D. 不限定模板类型，限定版式

128. 在 PowerPoint 中，控制演示文稿中幻灯片各对象大小和位置、文字格式和位置的是（　　）。

A. 讲义母版　　B. 标题母版　　　C. 幻灯片母版　　D. 备注母版

129. 若将 Word 文档，发送到 PowerPoint 的大纲视图中，则（　　）。

A. 所有文本进入大纲文件

B. 只有采用"标题"格式的文本进入大纲文件

C. 只有采用"标题"样式的文本不能进入大纲文件

D. 以上都不对

130. 在 PowerPoint 中，要删除插入到幻灯片的 Word 表格中的某一行，可先选定不需要的行，然后（　　）。

A. 选择"表格"，"删除单元格"

B. 选择"表格"，"删除行"

C. 选择"表格"，"整行删除"，再选择"删除单元格"

D. 选择"表格"，"整行删除"，再选择"整行删除"

131. PowerPoint 中幻灯片中的占位符是指（　　）。

A. 幻灯片中的空格符　　　　　　　B. 嵌在幻灯片中的虚框

C. 幻灯片中的文字　　　　　　　　D. 幻灯片中的图表

132. 在 PowerPoint 中，"视图"这个名词表示（   ）。
    A．一种图形   B．显示幻灯片的方式
    C．编辑演示文稿的方式   D．一张正在修改的幻灯片

133. PowerPoint 中下列哪一种不属于母版之一（   ）。
    A．幻灯片母版   B．讲义母版   C．格式母版   D．备注母版

134. 在 PowerPoint 中，模板与母版的相同之处是（   ）。
    A．两者控制范围相同
    B．演示文稿中的每张幻灯片具有统一的风格
    C．两者的应用方式相同
    D．两者的存在方式相同

135. 在 PowerPoint 的大纲视图中，若先激活幻灯片编号，再在弹出的快捷菜单中选择"降级"命令，则（   ）。
    A．没有变化
    B．此幻灯片中所有内容均降一级，但此幻灯片仍存在
    C．此幻灯片中所有内容均降一级且并入下一张幻灯片中
    D．此幻灯片中所有内容均降一级且并入上一张幻灯片中

136. 将 Word 创建的文稿读入 PowerPoint 中，应该在（   ）中进行。
    A．幻灯片视图   B．幻灯片浏览视图
    C．幻灯片放映视图   D．大纲视图

137. 在 PowerPoint 中，将某张幻灯片版式更改为"垂直排列标题与文本"，应选择的选项卡是（   ）。
    A．文件   B．动画   C．插入   D．开始

138. PowerPoint 的各种视图中，显示单个幻灯片以进行文本编辑的视图是（   ）。
    A．幻灯片视图   B．幻灯片浏览视图
    C．幻灯片放映视图   D．大纲视图

139. （   ）不是 PowerPoint 允许插入的对象。
    A．图形、图表   B．表格、声音
    C．视频剪辑、数学公式   D．组织结构图、数据库

140. 在 PowerPoint 中，（   ）可在幻灯片浏览视图中进行。
    A．设置幻灯片的动画效果   B．读入 Word 文稿的内容
    C．幻灯片文本的编辑修改   D．交换幻灯片的次序

141. 在 PowerPoint 2010 中，用（   ）命令可给幻灯片插入编号。
    A．"视图"|"页眉和页脚"|"幻灯片编号"
    B．"插入"|"幻灯片编号"
    C．"视图"|"幻灯片编号"
    D．"插入"|"备注页"|"幻灯片编号"

142. 在 PowerPoint 中，幻灯片通过大纲形式创建和组织（   ）。
    A．标题和文本   B．标题和图形
    C．正文和图片   D．标题、正文和多媒体信息

143. 在 PowerPoint 中，幻灯片切换效果是指（　　　）。

　　A．幻灯片切换时的效果　　　　　　B．幻灯片中的对象切换时的效果

　　C．某一类模板　　　　　　　　　　D．一种配色方案

144. 在 PowerPoint 中，幻灯片上可以插入（　　）多媒体信息。

　　A．声音、音乐和图片　　　　　　　B．声音和影片

　　C．声音和动画　　　　　　　　　　D．剪贴画、图片、声音和影片

145. 在 PowerPoint 中，在演示文稿的幻灯片中，要插入剪贴画或照片等图形，应在
（　　　）中进行。

　　A．幻灯片视图　　　　　　　　　　B．幻灯片浏览视图

　　C．幻灯片放映视图　　　　　　　　D．大纲视图

146. 在 PowerPoint 2010 中，若要更换另一种幻灯片的版式，下列操作正确的是（　　　）。

　　A．单击"设计"选项卡下"幻灯片"组中"版式"命令按钮

　　B．单击"开始"选项卡下"幻灯片"组中"版式"命令按钮

　　C．单击"插入"选项卡下"幻灯片"组中"版式"命令按钮

　　D．以上说法都不正确

147. 如果对一张幻灯片使用系统提供的版式，对其中各个对象的占位符（　　　）。

　　A．能用具体内容去替换，不可删除

　　B．可以删除不用，也可以在幻灯片中插入新的对象

　　C．能移动位置，也不能改变格式

　　D．可以删除不用，但不能在幻灯片中插入新的对象

148. PowerPoint 运行的平台是（　　　）。

　　A．Windows　　　　B．UNIX　　　　C．Linux　　　　D．DOS

149. 在 PowerPoint 中，（　　　）说法是不正确的。

　　A．我们可以在演示文稿和 Word 文稿之间建立链接

　　B．我们可以将 Excel 的数据直接导入幻灯片上的数据表

　　C．我们可以在幻灯片浏览视图中对演示文稿进行整体修改

　　D．演示文稿不能转换成 Web 页

150. PowerPoint 环境中，"常用工具栏"中的 按钮是用于（　　　）。

　　A．为一个新用户启动一个快速预演教程

　　B．插入一张新的幻灯片

　　C．开始制作一个新的幻灯片

　　D．把一类选中的模板改成一种新模板

151. PowerPoint 2010 环境中，"项目符号"按钮通常可以处在（　　　）中。

　　A．"动画"选项卡　　　　　　　　　B．"切换"选项卡

　　C．"设计"选项卡　　　　　　　　　D．"开始"选项卡

152. 在 PowerPoint 2010 中插入图表是用于（　　　）。

　　A．演示和比较数据　　　　　　　　B．可视化地显示文本

　　C．可以说明一个进程　　　　　　　D．可以显示一个组织结构图

153. "幻灯片浏览视图"模式下，不允许进行的操作是（　　　）。

    A．幻灯片的移动和复制   B．设置动画效果

    C．幻灯片删除   D．幻灯片切换

154. 在 PowerPoint 2010 中，格式刷位于（　　　）选项卡中。

    A．设计   B．开始   C．审阅   D．切换

155. 在 PowerPoint 2010 中，能够将文本中字符简体转换成繁体的设置（　　　）。

    A．在"审阅"选项卡中   B．在"开始"选项卡中

    C．在"格式"选项卡中   D．在"插入"选项卡中

156. 在演示文稿中，在插入超链接中所链接的目标不能是（　　　）。

    A．另一个演示文稿   B．同一个演示文稿的某一张幻灯片

    C．其他应用程序的文档   D．幻灯片中的某个对象

157. 在 PowerPoint 中，如果在大纲视图中输入文本，（　　　）。

    A．该文本只能在幻灯片视图中修改

    B．既可以在幻灯片视图中修改文本，也可以在大纲视图中修改文本

    C．在大纲视图中用文本框移动文本

    D．不能在大纲视图中删除文本

158. 在 PowerPoint 中，为建立图表而输入数字的区域是（　　　）。

    A．边距   B．数据表   C．大纲   D．图形编译器

159. 下列关于 PowerPoint 的表述正确的是（　　　）。

    A．幻灯片一旦制作完毕，就不能调整次序

    B．不可以将 Word 文稿制作为演示文稿

    C．无法在浏览器中浏览 PowerPoint 文件

    D．将打包的文件在没有 PowerPoint 软件的计算机上安装后可以播放演示文稿

160. 在幻灯片切换中，不可以设置幻灯片切换的（　　　）。

    A．换页方式   B．颜色   C．效果   D．声音

161. PowerPoint 中的预留区是（　　　）。

    A．一个用来指定特定幻灯片位置的书签

    B．一个待完成的空白幻灯片

    C．在幻灯片上为各种对象指定的位置

    D．在大纲视图用来存放图片的

162. 在 PowerPoint 中，按行列显示，并可以直接在幻灯片上修改其格式和内容的对象是（　　　）。

    A．数据库   B．表格   C．图表   D．机构图

163. 在 PowerPoint 中，当要改变一个幻灯片模板时（　　　）。

    A．所有幻灯片均采用新模板

    B．只有当前幻灯片采用新模板

    C．所有的剪贴画均丢失

    D．除已加入的空白幻灯片外，所有的幻灯片均采用新模板

164．在 PowerPoint 中，特殊的字体和效果（　　　）。

A．可以大量使用，用得越多，效果越好

B．与背景的颜色相同

C．适当使用以达到最佳效果

D．只有在标题片中使用

165．将 PowerPoint 幻灯片中的所有汉字"电脑"都更换为"计算机"，应使用的操作是（　　　）。

A．单击"开始"选项卡中"替换"命令按钮

B．单击"插入"选项卡中"替换"命令按钮

C．单击"开始"选项卡中"查找"命令按钮

D．单击"插入"选项卡中"查找"命令按钮

166．PowerPoint 的图表是用于（　　　）。

A．可视化地显示数字　　　　　　B．可视化地显示文本

C．可以说明一个进程　　　　　　D．可以显示一个组织的结构

167．在 PowerPoint 中，不能将一个新的幻灯片版式加到（　　　）。

A．在幻灯片视图中的一个新的或已有的幻灯片中

B．在大纲视图中的一个新的或已有的幻灯片中

C．多个幻灯片上

D．一个幻灯片的一部分

168．在 PowerPoint 中，对幻灯片的重新排序，幻灯片间定时和过渡，加入和删除幻灯片以及演示文稿整体构思都特别有用的视图是（　　　）。

A．幻灯片视图　　B．大纲视图　　　C．幻灯片浏览视图D．备注页视图

169．PowerPoint 的备注视图和幻灯片浏览视图均可用来（　　　）。

A．插入剪贴画图像　　　　　　　B．准备讲演

C．打印大纲　　　　　　　　　　D．记录演示文稿的定时

170．在 PowerPoint 2010 中，选定了文字、图片等对象后，可以插入超链接，超链接中所链接的目标可以是（　　　）。

A．计算机硬盘中的可执行文件　　B．其他幻灯片文件（即其他演示文稿）

C．同一演示文稿的某一张幻灯片　　D．以上都可以

171．在 PowerPoint 中，演示文稿的作者必须非常注意演示文稿的两个要素。这两个要素是（　　　）。

A．内容和设计　　B．内容和模板　　　C．内容和视觉效果D．问题和解决方法

172．在 PowerPoint 中，通过改变主幻灯片中的设计要素，就将模板改变为自定义设计并自动将此设计应用于所有的（　　　）。

A．文本幻灯片　　　　　　　　　B．幻灯片

C．以后生成的演示文稿　　　　　D．当前激活的多个演示文稿的标题片

173．在 PowerPoint 中，幻灯片集的背景色最好采用（　　　）。

A．无色　　　　　　　　　　　　B．深浅交替的颜色

C．统一的颜色　　　　　　　　　D．不一致的颜色

174. PowerPoint 的页眉可以（　　　）。

    A．用作标题　　　　　　　　　　B．将文本放置在讲义打印页的顶端

    C．将文本放置在每张幻灯片的顶端　D．将图片放置在每张幻灯片的顶端

175. 如果要从第 2 张幻灯片跳转到第 8 张幻灯片，应使用"插入"选项卡中的（　　　）。

    A．超链接或动作　B．预设动画　　　C．幻灯片切换　　D．自定义动画

176. 在 PowerPoint 中，当在一张幻灯片中将某文本行降级时，（　　　）。

    A．降低了该行的重要性　　　　　B．使该行缩进一个大纲层

    C．使该行缩进一个幻灯片层　　　D．增加了该行的重要性

177. 在幻灯片视图窗格中，在状态栏中出现了"幻灯片 2/7"的文字，则表示（　　　）。

    A．共有 7 张幻灯片，目前只编辑了 2 张

    B．共有 7 张幻灯片，目前显示的是第 2 张

    C．共编辑了七分之二张的幻灯片

    D．共有 9 张幻灯片，目前显示的是第 2 张

178. 在 PowerPoint 的数据表中，数字默认是（　　　）。

    A．左对齐　　　　B．右对齐　　　　C．居中　　　　　D．两端对齐

179. 在 PowerPoint 中，当向幻灯片中添加数据表时，首先从电子表格复制数据，然后用"开始"选项卡下"剪贴板"组中的（　　　）命令。

    A．全选　　　　　B．清除　　　　　C．粘贴　　　　　D．替换

180. 在 PowerPoint 中，如果文本从其他应用程序引入后，由于颜色对比的原因难以阅读，最好（　　　）。

    A．改变文本的颜色　　　　　　　B．改变背景的颜色

    C．减少字体的大小　　　　　　　D．改变幻灯片的模板

181. 在 PowerPoint 中，当向颜色中添加黑色或白色时，修改了（　　　）。

    A．亮度　　　　　B．色度　　　　　C．饱和度　　　　D．配置

182. 在 PowerPoint 中，色调指的是（　　　）。

    A．颜色　　　　　　　　　　　　B．颜色的强度

    C．向颜色中添加的黑色和白色的多少　D．一种明暗关系

183. 在 PowerPoint 中，若要改变手写多边形对象的形状，应该首先（　　　）。

    A．从菜单中选择"编辑"　　　　　B．选择该对象

    C．从菜单中选择"格式"　　　　　D．单击该对象

184. PowerPoint 的旋转工具（　　　）。

    A．只能旋转文本　　　　　　　　B．只能旋转图形对象

    C．能旋转文本和图形对象　　　　D．能旋转屏幕布局

185. 在 PowerPoint 中，当在幻灯片中移动多个对象时（　　　）。

    A．只能以英寸为单位移动这些对象

    B．一次只能移动一个对象

    C．可以将这些对象编组，把它们视为一个整体

    D．修改演示文稿中各个幻灯片的布局

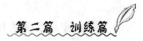

186. 幻灯片母版设置，可以起到（　　）的作用。

　　A．统一整套幻灯片的风格　　　　B．统一标题内容

　　C．统一图片内容　　　　　　　　D．统一页码内容

187. 在幻灯片中插入声音元素，幻灯片播放时（　　）。

　　A．用鼠标单击声音图标，才能开始播放

　　B．只能在有声音图标的幻灯片中播放，不能跨幻灯片连续播放

　　C．可以按需要灵活设置声音元素的播放

　　D．只能连续播放声音，中途不能停止

188. 想在一个屏幕上同时显示两个演示文稿并进行编辑，采用（　　）实现。

　　A．无法实现

　　B．打开一个演示文稿，选择插入菜单中"幻灯片（从文件）"命令

　　C．打开两个演示文稿，选择窗口菜单中"全部重排"命令

　　D．打开两个演示文稿，选择窗口菜单中"缩至一页"命令

189. 在 PowerPoint 2010 的幻灯片浏览视图中，不能完成的操作是（　　）。

　　A．调整个别幻灯片位置　　　　　B．删除个别幻灯片

　　C．编辑个别幻灯片内容　　　　　D．复制个别幻灯片

190. 在 PowerPoint 2010 中，设置幻灯片放映时的换页效果为"垂直百页窗"，应使用
（　　）选项卡。

　　A．动作按钮　　　B．切换　　　C．预设动画　　　D．动画

191. 在 PowerPoint 2010 中插入的页眉和页脚，下列说法中正确的是（　　）。

　　A．能进行格式化　　　　　　　　B．每一页幻灯片上都必须显示

　　C．插入的日期和时间可以更新　　D．其中的内容不能是日期

192. 在 PowerPoint 2010 的页面设置中，能够设置（　　）。

　　A．幻灯片页面的对齐方式　　　　B．幻灯片编号的起始值

　　C．幻灯片的页眉　　　　　　　　D．幻灯片的页脚

193. 在 PowerPoint 2010 的（　　）可以进行文本的输入。

　　A．幻灯片视图，幻灯片浏览视图，大纲视图

　　B．大纲视图，备注页视图，幻灯片放映视图

　　C．幻灯片视图，大纲视图，幻灯片放映视图

　　D．幻灯片视图，大纲视图，备注页视图

194. 在 PowerPoint 中，要全屏演示幻灯片，可将窗口切换到（　　）。

　　A．幻灯片视图　　B．大纲视图　　　C．浏览视图　　　D．幻灯片放映视图

195. 在 PowerPoint 2010 普通视图下包括大纲编辑区、幻灯片编辑区、（　　）和其他
任务窗格部分。

　　A．备注编辑区　　B．动画预览区　　C．幻灯片浏览区　　D．幻灯片放映区

196. PowerPoint 2010 提供了文件的（　　）功能，可以将演示文稿、所链接的各种
声音和图片等外部文件，以及有关的播放程序都存放在一起。

　　A．定位　　　　　B．另存为　　　C．存储　　　　　D．打包

197．在 PowerPoint 2010 中，对文稿的背景，以下说法错误的是（　　）。

A．可以对某张幻灯片的背景进行设置

B．可以对整套演示文稿的背景进行统一设置

C．可使用图片作背景

D．添加了模板的幻灯片，不能再使用"背景"命令

198．在 PowerPoint 2010 中，有时需要显示一些在每一页的同一位置上都出现的对象（如页码），应在（　　）中添加。

A．视窗　　　　　B．屏幕　　　　　C．幻灯片　　　　　D．母版

199．在 PowerPoint 2010 中，从其他字处理软件引入 PowerPoint 2010 的大纲视图时，引入大纲的（　　）成为幻灯片标题。

A．正文　　　　　B．第一级标题　　　C．第二级标题　　　D．第三级标题

200．在 PowerPoint 2010 中，若要在幻灯片上配合讲解做些记号，可使用（　　）。

A．"指针选项"中的各种笔　　　　　B．"画笔"软件

C．"绘图"工具栏　　　　　　　　　D．光笔

PowerPoint 演示文稿软件知识练习题参考答案

题号	答案	题号	答案	题号	答案	题号	答案	题号	答案
1	B	41	C	81	C	121	C	161	C
2	A	42	B	82	C	122	B	162	B
3	D	43	A	83	A	123	D	163	A
4	C	44	B	84	D	124	A	164	C
5	D	45	D	85	A	125	B	165	A
6	C	46	C	86	A	126	D	166	A
7	B	47	D	87	B	127	A	167	D
8	B	48	C	88	B	128	C	168	C
9	A	49	B	89	B	129	B	169	D
10	D	50	D	90	C	130	B	170	D
11	D	51	C	91	A	131	B	171	A
12	A	52	C	92	B	132	B	172	B
13	B	53	A	93	C	133	C	173	C
14	A	54	B	94	C	134	B	174	B
15	C	55	A	95	D	135	D	175	A
16	A	56	B	96	D	136	D	176	B
17	D	57	D	97	B	137	D	177	B
18	D	58	D	98	C	138	A	178	B
19	A	59	C	99	B	139	D	179	C
20	A	60	C	100	A	140	D	180	A
21	D	61	D	101	C	141	B	181	A
22	A	62	D	102	D	142	A	182	A
23	B	63	B	103	C	143	A	183	D
24	B	64	C	104	B	144	D	184	C
25	D	65	C	105	C	145	A	185	C
26	B	66	B	106	A	146	A	186	A
27	C	67	C	107	D	147	B	187	C
28	D	68	B	108	D	148	A	188	C
29	B	69	A	109	A	149	D	189	C
30	D	70	D	110	B	150	B	190	B
31	A	71	B	111	C	151	D	191	C
32	D	72	B	112	B	152	A	192	B
33	A	73	A	113	A	153	B	193	D
34	C	74	B	114	A	154	B	194	D
35	C	75	A	115	C	155	A	195	A
36	B	76	B	116	B	156	D	196	D
37	C	77	D	117	A	157	B	197	D
38	A	78	B	118	A	158	B	198	D
39	C	79	A	119	A	159	D	199	B
40	B	80	C	120	D	160	B	200	A

练习六　计算机网络与安全知识

1. 计算机网络应用的主要目的是（　　　）。
   A. 加快计算速度　　　B. 增大存储容量　　C. 资源共享　　　　D. 节省人力资源
2. 广域网的英文缩写是（　　　）。
   A. ISP　　　　　　　　B. LAN　　　　　　C. IT　　　　　　　D. WAN
3. 数据传输速率的单位是 bit/s，其含义是（　　　）。
   A. Byte Per Second　　　　　　　　　B. Bytes Per Second
   C. Billion Per Second　　　　　　　　D. Bits Per Second
4. 目前在 Internet 上提供的主要服务有电子邮件、WWW 浏览、远程登录和（　　　）。
   A. 文件传输　　　　　B. 数字图书馆　　　C. 互动教学　　　　D. 视频演播
5. 把同种或异种类型的网络相互连起来，叫做（　　　）。
   A. 广域网　　　　　　B. 互联网　　　　　C. 局域网　　　　　D. 万维网（WWW）
6. HTTP 是一种（　　　）。
   A. 域名　　　　　　　　　　　　　　　B. 协议
   C. 网址　　　　　　　　　　　　　　　D. 一种高级语言名称
7. 在以下 IP 地址中，有效的是（　　　）。
   A. 131.276.11.43　　　　　　　　　　B. 202.38.245.76
   C. 163.96.207.233.5　　　　　　　　　D. 121.233.12
8. 网络协议是（　　　）。
   A. 数据转换的一种格式
   B. 计算机与计算机之间通信的一种约定
   C. 调制解调器和电话线之间通信的一种约定
   D. 网络安装规程
9. IP 地址由（　　　）组成。
   A. 四部分　　　　　　B. 三部分　　　　　C. 两部分　　　　　D. 若干部分
10. 在计算机网络中，通常把提供并管理共享资源的计算机称为（　　　）。
    A. 网关　　　　　　　B. 工作站　　　　　C. 服务器　　　　　D. 路由器
11. 国际标准化组织制定的 OSI 模型的最低层是（　　　）。
    A. 数据链路层　　　　B. 物理层　　　　　C. 表达层　　　　　D. 传输层
12. 在 IE 浏览器中，若要转到特定地址的页，最快速的正确操作方法是（　　　）。
    A. 单击"地址栏"文字框的内部，输入 URL，再按"Enter"键
    B. 选择"编辑"|"查找"菜单命令，在其对话框中输入 URL，再按"Enter"键
    C. 选择"文件"|"打开"菜单命令，在其对话框中输入 URL，再按"Enter"键
    D. 选择"文件"|"创建快捷方式"菜单命令，在其对话框中输入 URL，再按
       "Enter"键

13. 调制解调器的功能是实现（　　　）。

　　A．数字信号的编码　　　　　　　　B．数字信号的整形

　　C．模拟信号的放大　　　　　　　　D．模拟信号与数字信号的转换

14. 从 www.pkonline.edu.cn 可以看出，它是中国的一个（　　　）的站点。

　　A．工商部门　　　B．教育部门　　　C．军事部门　　　D．政府部门

15. Web 页通常包含转到其他 Web 页或其他 Web 站点的指针链路，称为（　　　）。

　　A．ISP　　　　　　　　　　　　　B．IP 地址

　　C．超链接　　　　　　　　　　　　D．统一资源定位器 URL

16. 局域网的英文缩写是（　　　）。

　　A．LAN　　　　　B．WAN　　　　C．MAN　　　　D．Internet

17. 用 Outlook Express 发送电子邮件时可以传送附件，其附件（　　　）。

　　A．只能是二进制文件　　　　　　　B．可以是各种类型的文件

　　C．只能是文本文件　　　　　　　　D．只能是 ASCII 码文件

18. 文件传输和远程登录都是互联网上的主要功能之一，它们都需要双方计算机之间建立起通信联系，二者的区别是（　　　）。

　　A．文件传输只能传输字符文件，不能传输图像、声音文件，而远程登录则可以

　　B．文件传输不必经过对方计算机的验证许可，远程登录则必须经过许可

　　C．文件传输只能传递文件，远程登录则不能传递文件

　　D．文件传输只能传输计算机上已存有的文件，远程登录则还可以直接在登录主机上进行新建目录、新建文件、删除文件等其他操作

19. Novell 网络是美国 Novell 公司开发的一种（　　　）。

　　A．局域网　　　　B．广域网　　　　C．城域网　　　　D．互联网

20. 下面是某单位主页的 Web 地址 URL，其中符合 URL 格式的是（　　　）。

　　A．Http:/www.scut.edu.cn　　　　　B．Http://www.scut.edu.cn

　　C．CHttp:www.scut.edu.cn　　　　　D．Http//www.scut.edu.cn

21. CERNet 是（　　　）。

　　A．中国科技网　　　　　　　　　　B．中国金桥信息网

　　C．中国公用计算机互联网　　　　　D．中国教育和科研计算机网

22. 在 Internet 的基本服务功能中，远程登录所使用的命令是（　　　）。

　　A．FTP　　　　　　B．Web　　　　　C．HTTP　　　　　D．Telnet

23. 电子邮件地址的一般格式为（　　　）。

　　A．IP 地址@域名　　B．用户名@域名　　C．域名@IP 地址　　D．域名@用户名

24. 下列关于"链接"的说法中，正确的是（　　　）。

　　A．链接将指定的文件与当前文件合并　　B．链接是指将约定的设备用线路连通

　　C．链接为发送电子邮件做好准备　　　　D．单击链接就会转向链接指向的地方

25. 使用 Outlook Express 收发邮件，在收件箱中阅读邮件时发现有一类邮件左边有一个回形针形状的图标，它表示（　　　）。

　　A．该邮件是转发邮件　　　　　　　B．该邮件已经阅读过

　　C．该邮件附带有其他文件　　　　　D．该邮件尚未被阅读

26. 网上"黑客"，指的是（　　　）的人。
    A. 总在晚上上网
    B. 匿名上网
    C. 不花钱上网
    D. 在网上私闯他人计算机系统

27. 局域网常用的网络拓扑结构是（　　　）。
    A. 总线型、星型和树型
    B. 星型和环型
    C. 总线型、星型和环型
    D. 总线型和星型

28. 网络中各个通信结点互连的物理形态叫做（　　　）。
    A. 协议
    B. 拓扑结构
    C. 分组结构
    D. 分层结构

29. （　　　）允许任何一个 Internet 用户免费登录并从其上获取文件。
    A. 电子邮件
    B. BBS
    C. 匿名 FTP 服务器
    D. FTP 服务器

30. 统一资源定位器的英文缩写是（　　　）。
    A. UPS
    B. ULR
    C. URL
    D. USB

31. 在一个主机域名 http://www.zj.edu.cn 中，（　　　）表示主机名。
    A. www
    B. zj
    C. edu
    D. cn

32. 每个 C 类 IP 地址包含（　　　）个主机号。
    A. 24
    B. 255
    C. 254
    D. 1024

33. 下面选项中不属于 OSI（开放系统互连）参考模型七个层次的是（　　　）。
    A. 数据链路层
    B. 应用层
    C. 物理层
    D. 用户层

34. 一座办公大楼内各个办公室中的微型计算机进行联网，这个网络属于（　　　）。
    A. MAN
    B. LAN
    C. GAN
    D. WAN

35. 当个人计算机以拨号方式接入 Internet 时，不可缺的设备是（　　　）。
    A. 电话机
    B. 调制解调器
    C. 网卡
    D. 浏览器软件

36. 以局域网方式接入 Internet 的个人计算机，（　　　）。
    A. 没有自己的 IP 地址
    B. 有一个动态的 IP 地址
    C. 有自己固定的 IP 地址
    D. 有一个临时的 IP 地址

37. WWW 的中文名称是（　　　）。
    A. 万维网
    B. 电子数据交互
    C. 电子商务
    D. 综合业务数据网

38. Internet Explorer 的主页设置项没有（　　　）。
    A. "使用空白页"
    B. "使用当前页"
    C. "使用默认页"
    D. "使用固定页"

39. FTP 的意思是（　　　）。
    A. 搜索引擎
    B. 超文本传输协议
    C. 文件传输协议
    D. 广域信息服务器

40. 要在 Internet 上实现邮件通信，所有的用户终端机都必须或通过局域网或用 Modem 通过电话线连接到（　　　），它们之间再通过 Internet 相联。
    A. 全国 E-mail 服务中心
    B. E-mail 服务器
    C. 本地电信局
    D. 本地主机

41. 以下叙述中，正确的叙述是（　　　）。
    A. 在计算机网络中，有线网和无线网使用的传输介质均为双绞线、同轴电缆或光纤
    B. 电子邮件（E-mail）只能传送文本文件
    C. 局域网络（LAN）比广域网络（WAN）大
    D. 实现计算机联网的最大好处是能够实现资源共享

42. Internet 中采用的交换技术是（　　　）。
    A. 电路交换　　　　B. 报文交换　　　　C. 分组交换　　　　D. 信元交换

43. 下列的操作软件中，不是网络操作系统的是（　　　）。
    A. DOS　　　　B. Windows NT　　　　C. UNIX 系统　　　　D. Novell NetWare

44. Internet 属于（　　　）。
    A. 局域网　　　　B. 广域网　　　　C. 以太网　　　　D. Novell NetWare

45. 信道上可传送信号的最高频率和最低频率之差称为（　　　）。
    A. 波特率　　　　B. 比特率　　　　C. 吞吐量　　　　D. 信道带宽

46. A 类 IP 地址，网络号包含（　　　）个字节。
    A. 1　　　　B. 2　　　　C. 3　　　　D. 4

47. 关于电子邮件，下列说法中错误的是（　　　）。
    A. 发件人必须有自己的 E-mail 账号
    B. 发送电子邮件需要有 E-mail 软件的支持
    C. 收件人必须有自己的邮政编码
    D. 必须知道收件人的 E-mail 地址

48. 收发电子邮件时，下面叙述正确的是（　　　）。
    A. 一封信只能发给一个人　　　　B. 一封信能够发给多个人
    C. 一次只能接收一封信　　　　D. 一次只能接收两封信

49. 实现计算机网络需要硬件和软件，其中，负责管理整个网络各种资源、协调各种操作的软件称作（　　　）。
    A. 通信协议软件　　B. 网络应用软件　　C. 网络操作系统　　D. OSI

50. 用 Outlook Express 软件写新邮件时，不正确的是（　　　）。
    A. 可以设置字体格式　　　　B. 可以设置样式
    C. 可以在信件中插入图片　　　　D. 不能在信件中插入表格

51. IP 地址由点号分开的 4 段数字构成，每段数字在（　　　）之间。
    A. 1～256　　　　B. 0～127　　　　C. 0～255　　　　D. 1～999

52. 在局域网中，各个结点计算机之间的通信线路是通过（　　　）接入计算机的。
    A. 第一并行输入口　　　　B. 第二并行输入口
    C. 网络适配器（网卡）　　　　D. 串行输户口

53. 对网络运行状况进行监控的软件是（　　　）。
    A. 网络操作系统　　　　B. 网络通信协议
    C. 网络管理软件　　　　D. 网络安全软件

54. 常用的通信有线介质是双绞线、同轴电缆和（　　　）。

    A. 激光　　　　　　　B. 光缆　　　　　　　C. 微波　　　　　　　D. 红外线

55. 一个用户若想使用电子邮件功能，应当（　　　）。

    A. 通过电话得到一个电子邮局的服务支持

    B. 把自己的计算机通过网络与附近一个邮局连起来

    C. 向附近的一个邮局申请、办理建立一个自己专用的信箱

    D. 使自己的计算机通过网络得到网上一个 E-mail 服务器的服务支持

56. TCP/IP 是一组（　　　）。

    A. 广域网技术

    B. 局域网技术

    C. 支持同种计算机（网络）互联的通信协议

    D. 支持异种计算机（网络）互联的通信协议

57. Internet 使用的协议有传输控制协议，其英文缩写是（　　　）。

    A. TCP　　　　　　　B. IT　　　　　　　C. OSI　　　　　　　D. IP

58. 网络服务器和一般微型计算机的一个重要区别是（　　　）。

    A. 体积大　　　　　　　　　　　B. 外设丰富

    C. 硬盘容量大　　　　　　　　　D. 计算速度快，硬盘容量大

59. 调制解调器的英文名称是（　　　）。

    A. Modem　　　　　B. Modorn　　　　　C. Gateway　　　　　D. Router

60. 下列四项中，合法的电子邮件地址是（　　　）。

    A. scut.edu.cn–wang　　　　　　　　B. wang–scut.com.cn

    C. wang@scut.edu.cn　　　　　　　　D. scut.edu.cn@wang

61. 令牌环协议是一种（　　　）。

    A. 无冲突的协议　　　　　　　　B. 有冲突的协议

    C. 多令牌协议　　　　　　　　　D. 随机争用协议

62. 用 IE 浏览器浏览网页时，保存需要经常访问或喜欢的地址，以便将来的访问，其方法是（　　　）。

    A. 选择"收藏"|"整理收藏夹"菜单命令

    B. 选择"查看"|"添加到收藏夹"菜单命令

    C. 选择"收藏"|"添加到收藏夹"菜单命令

    D. 选择"编辑"|"添加到收藏夹"菜单命令

63. 在以下 IP 地址中，属于 C 类地址的是（　　　）。

    A. 191.196.29.43　　　B. 202.96.209.5　　　C. 158.96.207.5　　　D. 121.233.12.57

64. 信息高速公路的基本特征是交互、广域和（　　　）。

    A. 方便　　　　　　　B. 灵活　　　　　　　C. 直观　　　　　　　D. 高速

65. 用户想在网上查询 WWW 信息，必须安装并运行一个被称为（　　　）的软件。

    A. 浏览器　　　　　B. 万维网　　　　　C. 客户端　　　　　D. 搜索引擎

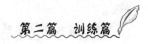

66. 在计算机局域网中，以文件数据共享为目标，需要将供多台计算机共享的文件存放于一台被称为（　　）的计算机中。

    A．网桥　　　　　　B．路由器　　　　　C．网关　　　　　　D．文件服务器

67. 下列交换方式中，实时性最好的是（　　）。

    A．报文分组交换　　B．报文交换　　　　C．电路交换　　　　D．各种方法都一样

68. 选择 Modem，除考虑其兼容性，主要考虑其（　　）。

    A．内置和外置　　　B．出错率低　　　　C．传输速率　　　　D．具有语言功能

69. 计算机通信就是将一台计算机产生的数字信息通过（　　）传送给另一台计算机。

    A．模拟信道　　　　B．通信信道　　　　C．数字信道　　　　D．传送信道

70. Internet 中域名系统将域名地址分为几个级别，常见的一级域名 com 代表（　　）。

    A．教育机构　　　　B．军事机构　　　　C．商业机构　　　　D．政府机构

71. 家庭用户与 Internet 连接的常用方式是（　　）。

    A．使用调制解调器将计算机与电话线相连，用电话线与当地 Internet 供应商的服务器连接

    B．计算机与本地局域网连接，通过局域网再与 Internet 连接

    C．计算机直接与 Internet 连接

    D．使用电信数据专线与当地 Internet 供应商的服务器连接

72. WWW 页面的信息内容可包括文字、图像和声音等，为了加快页面显示的速度，可以采取的措施是（　　）。

    A．改变显示状态，只显示文字不显示图像

    B．不能加快页面的显示速度

    C．关机，重新启动浏览器软件

    D．热启动，重新启动浏览器软件

73. 下列关于"网上邻居"的叙述中，不正确的是（　　）。

    A．通过网上邻居可访问网上的的计算机

    B．通过网上邻居可浏览网页

    C．通过网上邻居可浏览同组的其他计算机

    D．安装 Windows 2000、Windows 7 并启动后，桌面没有默认的"网上邻居"图标

74. 局域网一般不采用的拓扑结构是（　　）。

    A．总线型结构　　　B．环型结构　　　　C．树型结构　　　　D．星型结构

75. 与 Internet 相连的计算机，不管是大型机还是小型机，都称为（　　）。

    A．工作站　　　　　B．主机　　　　　　C．服务器　　　　　D．客户机

76. 在 Internet Explorer 中，如果按 Web 方式下载文件，那么只需要（　　）。

    A．找到所要下载的文件并双击　　　　　B．找到所要下载的文件链接并双击

    C．找到所要下载的文件并单击　　　　　D．找到所要下载的文件链接并单击

77. 使用 Internet Explorer 浏览网页时，如果当前页已经过期，可以使用（　　）按钮更新页面。

    A．前进　　　　　　B．后退　　　　　　C．停止　　　　　　D．刷新

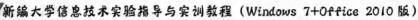
78．使用 Internet Explorer 浏览网页时，如果想要回到浏览器的初始页面，可以使用（　　）按钮。

　　　　A．主页　　　　　　B．停止　　　　　C．刷新　　　　　D．后退

79．通过 Internet Explorer 浏览网页时，网上的文字、图形图像、声音等信息是由（　　）组织起来的。

　　　　A．机器语言　　　　　　　　　　B．BASIC 语言

　　　　C．HTML 语言　　　　　　　　　D．Java 语言

80．在 Outlook Express 的服务器设置中 POP3/SMTP 服务器是指（　　）。

　　　　A．WWW 服务器　　　　　　　　B．邮件发送/接收服务器

　　　　C．邮件接收/发送服务器　　　　　D．域名服务器

81．在 Outlook Express 中，收到的邮件可以在本地的（　　）文件夹中看到。

　　　　A．收件箱　　　　B．发件箱　　　　C．已发送的邮件　　　D．草稿

82．在 Outlook Express 中，有关转发邮件，不正确的说法是（　　）。

　　　　A．在收件箱中选中要转发的邮件，再按"转发"按钮便可

　　　　B．用户可对原邮件进行添加、修改、或原封不动地将其转发

　　　　C．若在用户脱机状态转发，则等用户联机上网后，还需再转发一次

　　　　D．转发邮件，是用户收到一封邮件后，再寄给其他成员

83．多人共用一台计算机收发电子邮件，则在 Outlook Express 中（　　）。

　　　　A．想法错误，不能实现

　　　　B．多人只能共有一个邮箱

　　　　C．可以拥有各自独立的邮箱，相互之间不能保密

　　　　D．可以拥有各自独立的邮箱，相互之间能够保密

84．当电子邮件不能正确送达目标时，则（　　）。

　　　　A．电子邮件服务器将自动删除邮件

　　　　B．邮件将丢失

　　　　C．电子邮件会将原邮件退回，并给出不能送达的原因

　　　　D．电子邮件会将原邮件退回，但不给出任何原因

85．匿名 FTP 的用户名是（　　）。

　　　　A．Guest　　　　B．Anonymous　　　C．Public　　　　D．Scott

86．网络互连设备中的 HUB 称为（　　）。

　　　　A．集线器　　　　B．网关　　　　　C．网卡　　　　　D．交换机

87．ChinaNet 是以下（　　）互联网络的简称。

　　　　A．中国科技网　　　　　　　　　B．中国公用计算机互联网

　　　　C．中国教育和科研计算机网　　　D．中国公众多媒体通信网

88．当个人计算机以拨号方式接入 Internet 时，必须使用的设备是（　　）。

　　　　A．调制解调器　　　B．网卡　　　　C．浏览器软件　　　D．电话机

89．Internet 所广泛采用的标准网络协议是（　　）。

　　　　A．IPX/SPX　　　　B．TCP/IP　　　　C．NETBEUI　　　D．以上都不是

90. 网卡的主要功能不包括（　　）。

    A. 将计算机连接到通信介质上　　　　B. 进行电信号匹配

    C. 实现数据传输　　　　　　　　　　D. 网络互连

91. 不属于计算机网络基本要素的是（　　）。

    A. 通信主体　　　B. 通信设备　　　C. 文件传输　　　D. 通信协议

92. 下列选项中，（　　）是将单个计算机连接到网络上的设备。

    A. 显示卡　　　　B. 网卡　　　　C. 路由器　　　　D. 网关

93. 下列属于按网络信道带宽把网络分类的是（　　）。

    A. 星型网和环型网　　　　　　　　　B. 电路交换网和分组交换网

    C. 有线网和无线网　　　　　　　　　D. 宽带网和窄带网

94. 把网络分为电路交换网、报文交换网、分组交换网属于按（　　）进行分类。

    A. 连接距离　　　B. 服务对象　　　C. 拓扑结构　　　D. 数据交换方式

95. 下列属于最基本的服务器的是（　　）。

    A. 文件服务器　　　　　　　　　　　B. 异步通信服务器

    C. 打印服务器　　　　　　　　　　　D. 数据库服务器

96. 城域网英文缩写是（　　）。

    A. LAN　　　　　B. WAN　　　　　C. MEN　　　　　D. MAN

97. 数据只能沿一个固定方向传输的通信方式是（　　）。

    A. 单工　　　　　B. 半双工　　　　C. 全双工　　　　D. 混合

98. 下列选项中，（　　）不适合于交互式通信，不能满足实时通信的要求。

    A. 分组交换　　　B. 报文交换　　　C. 电路交换　　　D. 信元交换

99. 网络传输中对数据进行统一的标准编码在 OSI 体系中由（　　）实现。

    A. 物理层　　　　B. 网络层　　　　C. 传输层　　　　D. 表示层

100. 管理计算机通信的规则称为（　　）。

    A. 协议　　　　　B. 介质　　　　　C. 服务　　　　　D. 网络操作系统

101. OSI 模型中从高到低排列的第五层是（　　）。

    A. 会话层　　　　B. 数据链路层　　　C. 网络层　　　　D. 表示层

102. 对于一个主机域名 www.hava.gxou.com.cn 来说，提供的主要服务是（　　）。

    A. WWW　　　　B. HAVA　　　　C. GXOU　　　　D. COM

103. 普通的 Modem 都是通过（　　）与计算机连接的。

    A. LPT1　　　　B. LPT2　　　　C. USB 接口　　　D. RS-232C 串口

104. 为了将服务器、工作站连接到网络中去，需要在网络通信介质和智能设备间用网络接口设备进行物理连接，局域网中多由（　　）完成这一功能。

    A. 网卡　　　　　B. 调制解调器　　　C. 网关　　　　　D. 网桥

105. 计算机网络通信中传输的是（　　）。

    A. 数字信号　　　B. 模拟信号　　　C. 数字或模拟信号　D. 数字脉冲信号

106. 计算机网络通信系统是（　　）。

    A. 数据通信系统　B. 模拟通信系统　C. 信号传输系统　D. 电信号传输系统

107. （   ）是信息传输的物理通道。

    A. 信号　　　　　　B. 编码　　　　　　C. 数据　　　　　　D. 介质

108. 数据传输方式包括（   ）。

    A. 并行传输和串行传输　　　　　　B. 单工通信

    C. 半双工通信　　　　　　　　　　D. 全双工通信

109. 在传输过程中，接收和发送共享同一信道的方式称为（   ）。

    A. 单工　　　　　B. 半双工　　　　　C. 双工　　　　　D. 全双工通信

110. 在数据传输中，需要建立物理连接的是（   ）。

    A. 电路交换　　　B. 信元交换　　　C. 报文交换　　　D. 数据报交换

111. 数据在传输过程中所出现差错的类型主要有随机错和（   ）。

    A. 计算错　　　　B. 突发错　　　　C. 热噪声　　　　D. CRC 校验错

112. 具有结构简单灵活、成本低、扩充性强、性能好以及可靠性高等特点，目前局域网广泛采用的网络结构是（   ）。

    A. 星型结构　　　B. 总线型结构　　C. 环型结构　　　D. 以上都不是

113. 在局域网中常用的拓扑结构有（   ）。

    A. 星型结构　　　B. 环型结构　　　C. 总线型结构　　D. 树型结构

114. 下列选项中并非正确地描述 OSI 参考模型的是（   ）。

    A. 为防止一个区域的网络变化影响另一个区域的网络

    B. 分层网络模型增加了复杂性

    C. 为使专业的开发成为可能

    D. 分层网络模型标准化了接口

115. OSI 参考模型的（   ）提供建立、维护虚电路、信息控制等功能。

    A. 表示层　　　　B. 传输层　　　　C. 数据链路层　　D. 物理层

116. OSI 参考模型的（   ）完成差错报告，网络拓扑结构和流量控制的功能。

    A. 网络层　　　　B. 传输层　　　　C. 数据链路层　　D. 物理层

117. OSI 参考模型的（   ）建立、维护和管理应用程序之间的会话。

    A. 传输层　　　　B. 会话层　　　　C. 应用层　　　　D. 表示层

118. OSI 参考模型的（   ）保证一个系统应用层发出的信息能被另一个系统的应用层读出。

    A. 传输层　　　　B. 会话层　　　　C. 表示层　　　　D. 应用层

119. OSI 参考模型的（   ）为处在两个不同地理位置上的网络系统中的终端设备之间，提供连接和路径选择。

    A. 物理层　　　　B. 网络层　　　　C. 表示层　　　　D. 应用层

120. OSI 参考模型的（   ）为用户的应用程序提供网络服务。

    A. 传输层　　　　B. 会话层　　　　C. 表示层　　　　D. 应用层

121. 数据链路层在 OSI 参考模型的（   ）。

    A. 第一层　　　　B. 第二层　　　　C. 第三层　　　　D. 第四层

122. OSI 参考模型的上 4 层分别是（　　）。

　　A. 数据链路层、会话层、传输层和网络层

　　B. 表示层、会话层、传输层和应用层

　　C. 表示层、会话层、传输层和物理层

　　D. 传输层、会话层、应用层和数据链路层

123. 在一种网络中，超过一定长度，传输介质中的数据信号就会衰减。如果需要比较长的传输距离，就需要安装（　　）设备。

　　A. 中继器　　　　B. 集线器　　　　C. 路由器　　　　D. 网桥

124. 当两种相同类型但又使用不同通信协议的网络进行互联时，就需要使用（　　）。

　　A. 中继器　　　　B. 集线器　　　　C. 路由器　　　　D. 网桥

125. 当连接两个完全不同结构的网络时，必须使用（　　）。

　　A. 中继器　　　　B. 集线器　　　　C. 路由器　　　　D. 网关

126. 组建快速网络，（　　）是最好的选择。

　　A. 同轴电缆　　　B. 光缆　　　　C. 无线电　　　　D. 微波

127. 光缆的光束是在（　　）内传输。

　　A. 玻璃纤维　　　B. 透明橡胶　　　C. 同轴电缆　　　D. 网卡

128. 下列不是无线传输介质的是（　　）。

　　A. 无线电　　　　B. 激光　　　　C. 红外线　　　　D. 光缆

129. 双绞线成对线的扭绞旨在（　　）。

　　A. 易辨认

　　B. 使电磁辐射和外部电磁干扰减到最小

　　C. 加快数据传输速度

　　D. 便于与网络设备连接

130. 常说的 ATM 指的是（　　）。

　　A. 光纤分布式数据接口　　　　　　B. 钢芯分布式数据接口

　　C. 异步传输模式　　　　　　　　　D. 同步传输模式

131. 建立计算机网络的主要目的是（　　）。

　　A. 共享资源　　　B. 增加内存容量　　C. 提高计算精度　　D. 提高运行速度

132. 支持 Novell 网络的协议是（　　）。

　　A. TCP/IP　　　　B. IPX/SPX　　　　C. OSI　　　　D. CSMA/CD

133. 有关控制令牌操作叙述错误的是（　　）。

　　A. 用户自己产生控制令牌

　　B. 令牌沿逻辑环从一个站点传递到另一个站点

　　C. 当等待发送报文的站点接收到令牌后，发送报文

　　D. 将控制令牌传递到下一个站点

134. FDDI 是（　　）。

　　A. 快速以太网　　　　　　　　　　B. 千兆以太网

　　C. 光纤分布式数据接口　　　　　　D. 异步传输模式

135. TCP/IP 协议在 Internet 网中的作用是（　　）。

    A．定义一套网间互联的通信规则或标准

    B．定义采用哪一种操作系统

    C．定义采用哪一种电缆互连

    D．定义采用哪一种程序设计语言

136. 模拟信号采用模拟传输时采用下列哪种设备以提高传输距离（　　）。

    A．中继器　　　　B．放大器　　　　C．调制解调器　　　　D．编码译码器

137. 在下列传输介质中，对于单个建筑物内的局域网来说，性能价格比最高的是（　　）。

    A．双绞绞　　　　B．同轴电缆　　　　C．光纤电缆　　　　D．无线介质

138. 数据在传输中产生差错的重要原因是（　　）。

    A．热噪声　　　　B．脉冲噪声　　　　C．串扰　　　　D．环境恶劣

139. 下列传输介质中采用 RJ-45 头作为连接器件的是（　　）。

    A．双绞线　　　　B．细缆　　　　C．光纤　　　　D．粗缆

140. 计算机网络是按（　　）相互通信的。

    A．信息交换方式　　B．分类标准　　　C．网络协议　　　D．传输装置

141. 目前公用电话网广泛使用的交换方式为（　　）。

    A．电路交换　　　　B．分组交换　　　C．数据报交换　　　D．报文交换

142. TCP/IP 分层模型中，下列（　　）协议是传输层的协议之一。

    A．TDC　　　　　B．TDP　　　　　C．UDP　　　　　D．UTP

143. 多用于同类局域网间的互联设备为（　　）。

    A．网关　　　　　B．网桥　　　　　C．中继器　　　　D．路由器

144. 进行网络互联，当总线网的网段已超过最大距离时，采用（　　）设备来延伸。

    A．网关　　　　　B．网桥　　　　　C．中继器　　　　D．路由器

145. 在不同的网络间存储并转发分组，必要时须通过（　　）进行网络上的协议转换。

    A．协议转换器　　B．网关　　　　　C．桥接器　　　　D．重发器

146. 决定网络使用性能的关键是（　　）。

    A．网络硬件　　　　　　　　　　　B．网络操作系统

    C．网络的拓扑结构　　　　　　　　D．网络的传输介质

147. 个人计算机申请了账号并采用 PPP 拨号接入 Internet 后，该机（　　）。

    A．拥有固定的 IP 地址　　　　　　B．拥用独立的 IP 地址

    C．没有自己的 IP 地址　　　　　　D．可以有多个 IP 地址

148. 为了保证全网的正确通信，Internet 为联网的每个网络和每台主机都分配了唯一的地址，该地址由纯数字并用小数点分隔，将它称为（　　）。

    A．IP 地址　　　　　　　　　　　　B．TCP 地址

    C．WWW 服务器地址　　　　　　　D．WWW 客户机地址

149. 互联网上的服务都是基于某种协议，WWW 服务基于的协议是（　　）。

    A．SNMP　　　　B．HTTP　　　　C．SMTP　　　　D．TELNET

150. Internet 的起源被公认是（　　　）。

    A．ARPAnet　　　　B．Novell　　　　C．Xerox　　　　D．Cisco Net

151. 防止软磁盘感染计算机病毒的一种有效方法是（　　　）。

    A．软盘远离电磁场

    B．定期对软磁盘作格式化处理

    C．对软磁盘加上写保护

    D．禁止与有病毒的其他软磁盘放在一起

152. 发现微型计算机染有病毒后，较为彻底的清除方法是（　　　）。

    A．用查毒软件处理　　　　　　　　B．用杀毒软件处理

    C．删除磁盘文件　　　　　　　　　D．重新格式化磁盘

153. 计算机病毒传染的必要条件是（　　　）。

    A．在计算机内存中运行病毒程序　　B．对磁盘进行读/写操作

    C．以上两个条件均不是必要条件　　D．以上两个条件均要满足

154. 计算机病毒可能造成计算机（　　　）的损坏。

    A．硬件、软件和数据　　　　　　　B．硬件和软件

    C．软件和数据　　　　　　　　　　D．硬件和数据

155. 为了预防计算机病毒，应采取的正确做法之一是（　　　）。

    A．每天都要对硬盘和软盘进行格式化

    B．绝不玩任何计算机游戏

    C．不同任何人交流

    D．不用盗版软件和来历不明的磁盘

156. 下列叙述中，（　　　）是不正确的。

    A．"黑客"是指黑色的病毒　　　　　B．计算机病毒是程序

    C．CIH 是一种病毒　　　　　　　　D．防火墙是一种被动式防卫软件技术

157. 计算机病毒是一种（　　　）。

    A．程序　　　　B．电子元件　　　　C．微生物"病毒体"　　D．机器部件

158. 文件型病毒传染的对象主要是（　　　）类文件。

    A．.com 和.bat　　B．.exe 和.bat　　C．.com 和.exe　　D．.exe 和.txt

159. 常见计算机病毒的特点有（　　　）。

    A．良性、恶性、明显性和周期性

    B．周期性、隐蔽性、复发性和良性

    C．隐蔽性、潜伏性、传染性和破坏性

    D．只读性、趣味性、隐蔽性和传染性

160. 目前使用的防杀病毒软件的作用是（　　　）。

    A．检查计算机是否感染病毒，消除已感染的任何病毒

    B．杜绝病毒对计算机的侵害

    C．检查计算机是否感染病毒，消除部分已感染的病毒

    D．查出已感染的任何病毒，消除部分已感染的病毒

161．计算机病毒所没有的特点是（　　　）。

    A．隐藏性　　　　　B．潜伏性　　　　　C．传染性　　　　　D．广泛性

162．主要感染可执行文件的病毒是（　　　）。

    A．文件型　　　　　B．引导型　　　　　C．网络病毒　　　　D．复合型

163．下列关于计算机病毒的说法错误的是（　　　）。

    A．计算机病毒能自我复制

    B．计算机病毒具有隐藏性

    C．计算机病毒是一段程序

    D．计算机病毒是一种危害计算机的生物病毒

164．计算机病毒在发作前，它（　　　）。

    A．很容易发现　　B．没有现象　　　C．较难发现　　　　D．不能发现

165．计算机病毒的防治方针是（　　　）。

    A．坚持以预防为主　　　　　　　　B．发现病毒后将其清除

    C．经常整理硬盘　　　　　　　　　D．经常清洗软驱

166．发现计算机感染病毒后，下列操作可用来清除病毒（　　　）。

    A．使用杀毒软件　　　　　　　　　B．扫描磁盘

    C．整理磁盘碎片　　　　　　　　　D．重新启动计算机

167．未格式化的新软盘，（　　　）计算机病毒。

    A．可能会有　　　　　　　　　　　B．与带毒软盘放在一起会有

    C．一定没有　　　　　　　　　　　D．拿过带毒盘的手，再拿该盘后会有

168．电子商务的安全保障问题主要涉及（　　　）等。

    A．加密

    B．防火墙是否有效

    C．数据被泄漏或篡改、冒名发送、未经授权擅自访问网络

    D．身份认证

169．不要频繁地开关计算机电源，主要是（　　　）。

    A．避免计算机的电源开关损坏　　　B．减少感生电压对器件的冲击

    C．减少计算机可能受到的震动　　　D．减少计算机的电能消耗

170．计算机信息的实体安全包括环境安全、设备安全、（　　　）3 个方面。

    A．运行安全　　　B．媒体安全　　　C．信息安全　　　　D．人事安全

171．保证计算机信息运行的安全是计算机安全领域中最重要的环节之一，以下（　　　）不属于信息运行安全技术的范畴。

    A．风险分析　　　B．审计跟踪技术　　C．应急技术　　　　D．防火墙技术

172．在计算机密码技术中，通信双方使用一对密钥，即一个私人密钥和一个公开密钥，密钥对中的一个必须保持秘密状态，而另一个则被广泛发布，这种密码技术是（　　　）。

    A．对称算法　　　B．保密密钥算法　　C．公开密钥算法　　D．数字签名

173．数字签名的方式通过第三种权威认证中心在网上认证身份，认证中心通常简称为（　　　）。

    A．CA　　　　　　B．SET　　　　　　C．CD　　　　　　　D．DES

174. 数字签名是解决（　　）问题的方法。

    A. 未经授权擅自访问网络　　　　B. 数据被泄漏或篡改

    C. 冒名发送数据或发送数据后抵赖　D. 以上三种

175. （　　）是通过偷窃或分析手段来达到计算机信息攻击目的的，它不会导致对系统中所含信息的任何改动，而且系统的操作和状态也不被改变。

    A. 主动攻击　　　　B. 被动攻击　　　　C. 黑客攻击　　　　D. 计算机病毒

176. （　　）是采用综合的网络技术设置在被保护网络和外部网络之间的一道屏障，用以分隔被保护网络与外部网络系统防止发生不可预测的、潜在破坏性的侵入，它是不同网络或网络安全域之间信息的唯一出入口。

    A. 防火墙技术　　B. 密码技术　　　C. 访问控制技术　　D. 虚拟专用网

177. 计算机病毒的检测方式有人工检测和（　　）检测。

    A. 随机　　　　　B. 程序自动　　　C. 定时　　　　　D. PC Tools

178. 计算机信息安全是指（　　）。

    A. 保障计算机使用者的人身安全

    B. 计算机能正常运行

    C. 计算机不被盗窃

    D. 计算机中的信息不被泄露、篡改和破坏

179. 面对互联网上不断出现的计算机新病毒，计算机用户最佳对策应该是（　　）。

    A. 尽可能少上网　　　　　　　　B. 不打开电子邮件

    C. 安装还原卡　　　　　　　　　D. 及时升级防杀病毒软件

180. 未经允许私自闯入他人计算机系统的人，称为（　　）。

    A. IT 精英　　　　　　　　　　　B. 网络管理员

    C. 黑客　　　　　　　　　　　　D. 程序员

181. 计算机防病毒体系还不能做到的是（　　）。

    A. 自动完成查杀已知病毒　　　　B. 自动跟踪未知病毒

    C. 自动查杀未知病毒　　　　　　D. 自动升级并发布升级包

182. 关于防火墙的说法，不正确的是（　　）。

    A. 防止外界计算机病毒侵害的技术　B. 阻止病毒向网络扩散的技术

    C. 隔离有硬件故障的设备　　　　D. 一个安全系统

183. （　　）协议主要用于加密机制。

    A. HTTP　　　　　B. FTP　　　　　C. TELNET　　　　D. SSL

184. 不属于 Web 服务器安全措施的是（　　）。

    A. 保证注册账户的时效性　　　　B. 服务器专人管理

    C. 强制用户使用不易被破解的密码　D. 所有用户使用一次性密码

185. 使网络服务器中充斥着大量要求回复的信息，消耗带宽，导致网络或系统停止正常服务，这属于（　　）。

    A. 拒绝服务　　　　　　　　　　B. 文件共享

    C. BIND 漏洞　　　　　　　　　 D. 远程过程调用

186．下列关于网络安全服务的叙述中，（　　）是错误的。

A．应提供访问控制服务以防止用户否认已接收的信息

B．应提供认证服务以保证用户身份的真实性

C．应提供数据完整性服务以防止信息在传输过程中被删除

D．应提供保密性服务以防止传输的数据被截获或篡改

187．以下网络安全技术中，不能用于防止发送或接受信息的用户出现"抵赖"的是（　　）。

A．数字签名　　　B．防火墙　　　　C．第三方确认　　　D．身份认证

188．以下属于软件盗版行为的是（　　）。

A．复制不属于许可协议允许范围之内的软件

B．对软件或文档进行租赁、二级授权或出借

C．在没有许可证的情况下从服务器进行下载

D．以上皆是

189．计算机病毒不会破坏（　　）。

A．存储在软盘中的程序和数据

B．存储在硬盘中的程序和数据

C．存储在 CD-ROM 光盘中的程序和数据

D．存储在 BIOS 芯片中的程序

190．一般来说，计算机病毒的预防分为两种：管理方法上的预防和技术上的预防。下列（　　）不属于管理手段预防计算机病毒传染。

A．采用防病毒软件，预防计算机病毒对系统的入侵

B．系统启动盘专用，并设置写保护，防止病毒侵入

C．尽量不使用来历不明的软盘、优盘、移动硬盘及光盘等

D．经常利用各种检测软件定期对硬盘做相应的检查，发现病毒及时处理

191．软件盗版是指未经授权对软件进行复制、仿制、使用或生产。下列（　　）不属于软件盗版的主要形式。

A．最终用户盗版　　　　　　　B．盗版软件光盘

C．Internet 在线软件盗版　　　D．使用试用版的软件

192．下列有关计算机病毒的说法中，错误的是（　　）。

A．游戏软件常常是计算机病毒的载体

B．用杀毒软件将一片软盘杀毒之后，该软盘就没有病毒了

C．尽量做到专机专用或安装正版软件，是预防计算机病毒的有效措施

D．计算机病毒在某些条件下被激活之后，才开始起干扰和破坏作用

193．个人微型计算机之间病毒传染的媒介是（　　）。

A．硬盘　　　　B．软盘　　　　C．键盘　　　　D．电磁波

194．下面关于计算机病毒的描述中，错误的是（　　）。

A．计算机病毒只感染扩展名为.exe 的文件

B．计算机病毒具有传染性、隐蔽性、潜伏性

C. 计算机病毒能通过计算机网络传播

D. 计算机病毒是利用计算机软、硬件所固有的脆弱性，编制的具有特殊功能的程序

195. 下列关于计算机犯罪的说法不正确的是（　　）。

A. 仅仅以计算机作为侵害对象的犯罪，不是纯粹的计算机犯罪

B. 计算机犯罪是利用计算机进行犯罪

C. 计算机犯罪是危害计算机信息的犯罪

D. 计算机犯罪是危害人类的犯罪

196. 要防止计算机信息系统遭到雷害，不能指望（　　），它不但不能保护计算机系统，反而增加了计算机系统的雷害。

A. 建在开阔区　　　　　　　　B. 避雷针

C. 建筑物高度　　　　　　　　D. 降低计算机系统安装楼层

197. 为了保护计算机信息系统的安全，促进计算机的应用和发展，保障社会主义现代化建设的顺利进行，我国制定了（　　）。

A.《中华人民共和国软件保护条例》

B.《中华人民共和国国家安全法》

C.《中华人民共和国计算机信息系统安全保护条例》

D.《中华人民共和国标准化法》

198. 下面（　　）现象不属于计算机犯罪行为。

A. 利用计算机网络窃取他人信息资源

B. 攻击他人的网络服务器

C. 私自删除他人计算机内重要数据

D. 消除自己计算机中的病毒

199. 安全等级是国家信息安全监督管理部门对计算机信息系统（　　）的确认。

A. 规模　　　　B. 重要性　　　　C. 安全保护能力　　D. 网络结构

200. 下列关于计算机犯罪的叙述错误的是（　　）。

A. 犯罪容易察觉　　　　　　　B. 采用手法较隐蔽

C. 高技术性的犯罪活动　　　　D. 与一般传统犯罪活动不同

计算机网络与安全知识练习题参考答案

题号	答案	题号	答案	题号	答案	题号	答案	题号	答案
1	C	41	D	81	A	121	B	161	D
2	D	42	C	82	C	122	B	162	A
3	D	43	A	83	D	123	A	163	D
4	A	44	B	84	C	124	D	164	C
5	B	45	D	85	B	125	C	165	A
6	B	46	A	86	A	126	B	166	A
7	B	47	C	87	B	127	A	167	C
8	B	48	B	88	A	128	D	168	C
9	A	49	C	89	B	129	B	169	B
10	C	50	D	90	D	130	C	170	C
11	B	51	C	91	C	131	A	171	B
12	A	52	C	92	B	132	B	172	C
13	D	53	D	93	D	133	A	173	A
14	B	54	B	94	D	134	C	174	D
15	C	55	D	95	A	135	A	175	B
16	A	56	D	96	D	136	B	176	A
17	B	57	A	97	A	137	A	177	B
18	D	58	D	98	B	138	D	178	D
19	A	59	A	99	D	139	A	179	D
20	B	60	C	100	A	140	C	180	C
21	D	61	A	101	C	141	A	181	C
22	D	62	C	102	A	142	C	182	C
23	B	63	B	103	D	143	B	183	D
24	D	64	D	104	A	144	C	184	C
25	C	65	A	105	A	145	B	185	A
26	D	66	D	106	A	146	A	186	A
27	C	67	C	107	D	147	A	187	B
28	B	68	A	108	A	148	A	188	D
29	C	69	B	109	B	149	B	189	C
30	C	70	C	110	A	150	A	190	A
31	B	71	A	111	B	151	C	191	D
32	C	72	A	112	A	152	D	192	B
33	D	73	B	113	A	153	D	193	B
34	B	74	C	114	B	154	A	194	A
35	B	75	D	115	B	155	D	195	A
36	C	76	D	116	C	156	A	196	B
37	A	77	B	117	B	157	A	197	C
38	D	78	A	118	D	158	C	198	D
39	C	79	C	119	B	159	C	199	C
40	B	80	C	120	D	160	C	200	A

第三篇 综合测试篇

综合测试题一

第一部分 理论测试题

1. 下列叙述中，错误的是（　　）。

    A. 硬盘在主机箱内，它是主机的组成部分

    B. 硬盘是外部存储器之一

    C. 硬盘的技术指标之一是每分钟的转速 r/m

    D. 硬盘与 CPU 之间不能直接交换数据

2. 下列度量单位中，用来度量 CPU 的时钟主频的是（　　）。

    A. Mb/S   B. MIPS   C. GHz   D. MB

3. 根据域名代码规定，GOV 代表（　　）。

    A. 教育机构   B. 网络支持中心 C. 商业机构   D. 政府部门

4. 在微型计算机的硬件设备中，有一种设备在程序设计中既可以当做输出设备，又可以当做输入设备，这种设备是（　　）。

    A. 绘图仪   B. 扫描仪   C. 手写笔   D. 硬盘

5. 以下设备中不是计算机输出设备的是（　　）。

    A. 打印机   B. 鼠标   C. 显示器   D. 绘图仪

6. 下列设备组中，完全属于输入设备的一组是（　　）。

    A. CD-ROM 驱动器、键盘、显示器   B. 绘图仪、键盘、鼠标器

    C. 键盘、鼠标器、扫描仪   D. 打印机、硬盘、条码阅读器

7. 汉字输入码可分为有重码和无重码两类，下列属于无重码类的是（　　）。

    A. 全拼码   B. 自然码   C. 区位码   D. 简拼码

8. 下列各组软件中，全部属于应用软件的是（　　）。

    A. 程序语言处理程序、操作系统、数据库管理系统

    B. 文字处理程序、编辑程序、UNIX 操作系统

C．财务处理软件、金融软件、Office 2010

D．Word 2010、Photoshop、Windows 7

9．下列设备组中，完全属于外部设备的一组是（   ）。

    A．激光打印机、移动硬盘、鼠标器

    B．CPU、键盘、显示器

    C．SRAM 内存条、CD-ROM 驱动器、扫描仪

    D．优盘、内存储器、硬盘

10．根据汉字国标 GB 2312—80 的规定，存储一个汉字的内码需用的字节个数是（   ）。

    A．4   B．3   C．2   D．1

11．目前各部门广泛使用的人事档案管理、财务管理等软件，按计算机应用分类，应属于（   ）。

    A．过程控制   B．科学计算   C．计算机辅助工程   D．信息处理

12．组成微型计算机主机的部件是（   ）。

    A．CPU、内存和硬盘   B．CPU、内存、显示器和键盘

    C．CPU 和内存   D．CPU、内存、硬盘、显示器和键盘

13．下列的英文缩写和中文名字的对照中，错误的是（   ）。

    A．URL——统一资源定位器   B．ISP——因特网服务提供商

    C．ISDN——综合业务数字网   D．ROM——随机存取存储器

14．下列叙述中，正确的是（   ）。

    A．CPU 能直接读取硬盘上的数据

    B．CPU 能直接存取内存储器

    C．CPU 由存储器、运算器和控制器组成

    D．CPU 主要用来存储程序和数据

15．随机存取存储器（RAM）的最大特点是（   ）。

    A．存储量极大，属于海量存储器

    B．存储在其中的信息可以永久保存

    C．一旦断电，存储在其上的信息将全部丢失，且无法恢复

    D．计算机中，只是用来存储数据的

16．在计算机中，鼠标器属于（   ）。

    A．输出设备   B．菜单选取设备

    C．输入设备   D．应用程序的控制设备

17．人们将以下（   ）作为硬件基本部件的计算机称为第 1 代计算机。

    A．电子管   B．ROM 和 RAM   C．小规模集成电路 D．磁带与磁盘

18．以下属于第 1 代计算机的是（   ）。

    A．UNIVAC   B．ENIAC   C．IBM 4300   D．IBM-7000

19．下列叙述中，正确的是（   ）。

    A．用高级程序语言编写的程序称为源程序

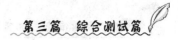

B. 计算机能直接识别并执行用汇编语言编写的程序

C. 机器语言编写的程序执行效率最低

D. 高级语言编写的程序的可移植性最差

20. 第 3 代计算机采用的电子元件是（　　）。

A. 晶体管　　　　　　　　　　　　B. 中、小规模集成电路

C. 大规模集成电路　　　　　　　　D. 电子管

21. 以下哪些功能是 Windows 7 的任务栏和 Windows 其他版本的任务栏的功能区别？
（　　）

A. 显示缩略图

B. 可以在缩略图中直接关闭

C. 对于影音文件，在缩略途中增加了影音控制

D. 可以显示进度

22. 如何把应用程序锁定到任务栏？（　　）

A. 右键选择应用程序，选择锁定到任务栏

B. 直接拖拽到任务栏

C. 左键单击，选择锁定到任务栏

D. 单击应用程序，选择属性

23. 跳转列表可以实现下列哪些功能？（　　）

A. 显示最近使用的文件　　　　　　B. 可以锁定常用文件

C. 新建文件　　　　　　　　　　　D. 关闭窗口

24. Windows 7 在哪里可以进行搜索？（　　）

A. IE 浏览器　　　B. 开始菜单　　　C. 资源管理器　　　D. 游戏

25. Windows 7 中，显示桌面按钮在桌面的（　　）。

A. 左下方　　　B. 右下方　　　C. 左上方　　　D. 右上方

26. 以下文件名不正确的是（　　）。

A. ABC.txt　　　B.《日记》.doc　　　C. A?C)BMP　　　D. song.mp3

27. Word 2010 插入题注时如需加入章节号，如"图 1-1"，无需进行的操作是（　　）。

A. 将章节起始位置套用内置标题样式　B. 将章节起始位置应用多级符号

C. 将章节起始位置应用自动编号　　　D. 自定义题注样式为"图"

28. Word 2010 可自动生成参考文献书目列表，在添加参考文献的"源"主列表时，"源"
不可能直接来自于（　　）。

A. 网络中各知名网站　　　　　　　B. 网上邻居的用户共享

C. 电脑中的其他文档　　　　　　　D. 自己录入

29. Word 文档的编辑限制包括（　　）。

A. 格式设置限制　　B. 编辑限制　　　C. 权限保护　　　D. 以上都是

30. Word 中的手动换行符是通过（　　）产生的。

A. 插入分页符　　　　　　　　　　B. 插入分节符

C. 按"Enter"键　　　　　　　　　D. 按"Shift+Enter"组合键

31. 关于 Word 2010 的页码设置，以下表述错误的是（   ）。

    A．页码可以被插入到页眉页脚区域

    B．页码可以被插入到左右页边距

    C．如果希望首页和其他页页码不同必须设置"首页不同"

    D．可以自定义页码并添加到构建基块管理器中的页码库中

32. 关于大纲级别和内置样式的对应关系，以下说法正确的是（   ）。

    A．如果文字套用内置样式"正文"，则一定在大纲视图中显示为"正文文本"

    B．如果文字在大纲视图中显示为"正文文本"，则一定对应样式为"正文"

    C．如果文字的大纲级别为 1 级，则被套用样式为"标题 1"

    D．以上说法都不正确

33. 一个工作表各列数据均含标题，要对所有列数据进行排序，用户应选取的排序区域是（   ）。

    A．含标题的所有数据区   B．含标题任一列数据

    C．不含标题的所有数据区   D．不含标题任一列数据

34. Excel 一维垂直数组中元素用（   ）分开。

    A．\   B．\\   C．,   D．;

35. Excel 一维水平数组中元素用（   ）分开。

    A．;   B．\   C．,   D．\\

36. VLOOKUP 函数从一个数组或表格的（   ）中查找含有特定值的字段，再返回同一列中某一指定单元格中的值。

    A．第一行   B．最末行   C．最左列   D．最右列

37. 返回参数组中非空值单元格数目的函数是（   ）。

    A．COUNT   B．COUNTBLANK

    C．COUNTIF   D．COUNTA

38. 关于 Excel 表格，下面说法不正确的是（   ）。

    A．表格的第一行为列标题（称字段名）

    B．表格中不能有空列

    C．表格与其他数据间至少留有空行或空列

    D．为了清晰，表格总是把第一行作为列标题，而把第二行空出来

39. 关于 Excel 区域定义不正确的论述是（   ）。

    A．区域可由单一单元格组成   B．区域可由同一列连续多个单元格组成

    C．区域可由不连续的单元格组成   D．区域可由同一行连续多个单元格组成

40. 关于分类汇总，叙述正确的是（   ）。

    A．分类汇总前首先应按分类字段值对记录排序

    B．分类汇总可以按多个字段分类

    C．只能对数值型字段分类

    D．汇总方式只能求和

41. PowerPoint 文档保护方法包括（   ）。
    A. 用密码进行加密　　　　　　　　B. 转换文件类型
    C. IRM 权限设置　　　　　　　　　D. 以上都是

42. PowerPoint 中，下列说法中错误的是（   ）。
    A. 可以动态显示文本和对象　　　　B. 可以更改动画对象的出现顺序
    C. 图表中的元素不可以设置动画效果　D. 可以设置幻灯片切换效果

43. 改变演示文稿外观可以通过（   ）。
    A. 修改主题　　B. 修改母版　　C. 修改背景样式　　D. 以上三个都对

44. 幻灯片放映过程中，单击鼠标右键，在弹出的快捷菜单中选择"指针选项"中的荧光笔，在讲解过程中可以进行写和画，其结果是（   ）。
    A. 对幻灯片进行了修改
    B. 对幻灯片没有进行修改
    C. 写和画的内容留在幻灯片上，下次放映还会显示出来
    D. 写和画的内容可以保存起来，以便下次放映时显示出来

45. 幻灯片中占位符的作用是（   ）。
    A. 表示文本长度　　　　　　　　　B. 限制插入对象的数量
    C. 表示图形大小　　　　　　　　　D. 为文本、图形预留位置

46. 可以用拖动方法改变幻灯片的顺序是（   ）。
    A. 幻灯片视图　　　　　　　　　　B. 备注页视图
    C. 幻灯片浏览视图　　　　　　　　D. 幻灯片放映

47. 如果希望在演示过程中终止幻灯片的演示，则随时可按的终止键是（   ）。
    A. Delete　　　　B. Ctrl+E　　　　C. Shift+C　　　　D. Esc

48. 计算机病毒是计算机系统中一类隐藏在（   ）上蓄意进行破坏的程序。
    A. 内存　　　　　B. 外存　　　　　C. 传输介质　　　　D. 网络

49. 下面关于计算机病毒说法正确的是（   ）。
    A. 都具有破坏性　　　　　　　　　B. 有些病毒无破坏性
    C. 都破坏 EXE 文件　　　　　　　D. 不破坏数据，只破坏文件

50. 下面关于计算机病毒说法正确的是（   ）。
    A. 是生产计算机硬件时不注意产生的　B. 是人为制造的
    C. 必须清除，计算机才能使用　　　D. 是人们无意中制造的

51. 计算机病毒按寄生方式主要分为 3 种，其中不包括（   ）。
    A. 系统引导型病毒　　　　　　　　B. 文件型病毒
    C. 混合型病毒　　　　　　　　　　D. 外壳型病毒

52. 以下关于多媒体技术的描述中，正确的是（   ）。
    A. 多媒体技术中的"媒体"概念特指音频和视频
    B. 多媒体技术就是能用来观看的数字电影技术
    C. 多媒体技术是指将多种媒体进行有机组合而成的一种新的媒体应用系统
    D. 多媒体技术中的"媒体"概念不包括文本

53. 以下硬件设备中，不是多媒体硬件系统必须包括的设备是（　　）。

    A. 计算机最基本的硬件设备   B. CD-ROM

    C. 音频输入、输出和处理设备   D. 多媒体通信传输设备

54. 以下设备中，属于视频设备的是（　　）。

    A. 声卡   B. DV 卡   C. 音箱   D. 话筒

55. 以下设备中，属于音频设备的是（　　）。

    A. 视频采集卡   B. 视频压缩卡   C. 电视卡   D. 数字调音台

56. 以下关于 WinRAR 的说法中，正确的是（　　）。

    A. 使用 WinRAR 不能进行分卷压缩

    B. 使用 WinRAR 可以制作自解压的 EXE 文件

    C. 使用 WinRAR 进行解压缩时，必须一次性解压缩压缩包中的所有文件，而不能解压缩其中的个别文件

    D. 双击 RAR 压缩包打开 WinRAR 窗口后，一般可以直接双击其中的文件进行解压缩

57. 以下选项中，用于压缩视频文件的压缩标准是（　　）。

    A. JPEG 标准   B. MP3 压缩   C. MPEG 标准   D. LWZ 压缩

58. 以下格式中，属于音频文件格式的是（　　）。

    A. WAV 格式   B. JPG 格式   C. DAT 格式   D. MOV 格式

59. 以下格式中，属于视频文件格式的是（　　）。

    A. WMA 格式   B. MOV 格式   C. MID 格式   D. MP3 格式

60. 下面关于计算机病毒说法不正确的是（　　）。

    A. 正版的软件也会受计算机病毒的攻击

    B. 防病毒软件不会检查出压缩文件内部的病毒

    C. 任何防病毒软件都不会查出和杀掉所有的病毒

    D. 任何病毒都有清除的办法

第二部分　上机操作题

一、打字题

任何系统在构造之前都必须经过认真的设计和规划，否则，它迟早会崩溃。在建筑领域中这是一个很显然的道理，同样，在软件领域中也是如此。构造一个复杂的软件，仅仅把一些机器指令序列高级程序语言语句或者过程和模块的集合堆积在一起是不够的，要构造一个强壮的复杂程序需要有实现的结构技术和指导准则，这样才能建立。选择何种品牌的代理也显得极为重要，因为作为代理商维修不涉及产品的生产维修服务上的技术问题，必须由生产厂商和代理商共同解决。

二、Windows 操作题

1. 在考生文件夹下建立文件夹 work_dir。

2. 在 work_dir 文件夹下建立文本文件 letter.txt，文件内容为你的准考证号，（输入在首行，中间不留空格，半角字符）。

3．在桌面上建立上题中文本文件的快捷方式，快捷方式名为你的准考证号。

4．在考生文件夹下建立 mydir 文件夹，然后将 letter.txt 文件移至 mydir 文件夹。

三、Word 操作题

【文档开始】

计算机科学的发展，是 20 世纪人类最值得骄傲的成就之一，是人类智慧的长期结晶，是许多领域的科学家、工程师共同协作、不懈努力的产物。

计算机技术处理信息能力和应用范围的极大扩展，已经使它遍及人类社会活动的各个方面，渗透到实现生活的各个角落。

【文档结束】

1．把全文中"计算机"更换成"电脑"。

2．加上标题："计算机技术"，三号宋体，居中。

3．正文每个自然段首行缩进 2 个汉字位置，并以四号仿宋显示。

4．把第二自然段移到第一自然段前。

四、Excel 操作题

【文档开始】

学号	语文	数学	英语	总分
101	95	71	100	
102	89	88	92	
103	87	75	93	
104	65	100	84	
105	80	83	90	

【文档结束】

1．打开 Excel 工作簿文件，选择工作表 Sheet1。

2．工作表 Sheet1 第一行至第八行的行高设置为 18。

3．利用公式复制的方法，在工作表 Sheet1 的总分栏设置为每个学生 3 门分数之和。

五、PPT 操作题

【文档开始】

PowerPoint 演示文稿文件

金山词霸 2002 词典内容大幅度修订增补，修订了 23 本词典的 12000 多个词条。

迷你背单词可自动循环播放分类词汇，用户可按四六级、TOFEL 等 10 多种分类方法自由选择，还可与生词本搭配，词汇可相互导入。

【文档结束】

1．请把幻灯片的标题动画设为溶解。

2．请把幻灯片的正文动画设为向右擦去。

综合测试题一部分参考答案

题号	答案	题号	答案	题号	答案	题号	答案
1	A	16	C	31	B	46	C
2	C	17	A	32	D	47	D
3	D	18	C	33	C	48	B
4	D	19	A	34	D	49	A
5	B	20	B	35	C	50	B
6	C	21	C	36	A	51	D
7	C	22	B	37	D	52	C
8	C	23	A	38	D	53	D
9	A	24	C	39	C	54	B
10	C	25	D	40	A	55	D
11	D	26	C	41	D	56	B
12	C	27	C	42	C	57	C
13	D	28	B	43	D	58	A
14	B	29	D	44	D	59	B
15	C	30	D	45	D	60	B

综合测试题二

第一部分 理论测试题

1. 世界上第一台电子数字计算机取名为（　　）。
   A. UNIVAC　　　　　B. EDSAC　　　　C. ENIAC　　　　D. EDVAC

2. 操作系统的作用是（　　）。
   A. 把源程序翻译成目标程序　　　　B. 进行数据处理
   C. 控制和管理系统资源的使用　　　D. 实现软硬件的管理

3. 个人计算机简称为 PC，这种计算机属于（　　）。
   A. 微型计算机　　B. 小型计算机　　C. 超级计算机　　D. 巨型计算机

4. 目前制造计算机所采用的电子器件是（　　）。
   A. 晶体管　　　　　　　　　　　　B. 超导体
   C. 中小规模集成电路　　　　　　　D. 超大规模集成电路

5. 一个完整的计算机系统通常包括（　　）。
   A. 硬件系统和软件系统　　　　　　B. 计算机及其外部设备
   C. 主机、键盘与显示器　　　　　　D. 系统软件和应用软件

6. 计算机软件是指（　　）。
   A. 计算机程序　　　　　　　　　　B. 源程序和目标程序
   C. 源程序　　　　　　　　　　　　D. 计算机程序及有关资料

7. 计算机的软件系统一般分为（　　）两大部分。
   A. 系统软件和应用软件　　　　　　B. 操作系统和计算机语言
   C. 程序和数据　　　　　　　　　　D. DOS 和 Windows

8. 在计算机内部，不需要编译计算机就能够直接执行的语言是（　　）。
   A. 汇编语言　　　B. 自然语言　　　C. 机器语言　　　D. 高级语言

9. 主要决定微型计算机性能的是（　　）。
   A. CPU　　　　　B. 耗电量　　　　C. 质量　　　　　D. 价格

10. 微型计算机中运算器的主要功能是进行（　　）。
    A. 算术运算　　　　　　　　　　　B. 逻辑运算
    C. 初等函数运算　　　　　　　　　D. 算术运算和逻辑运算

11. MIPS 常用来描述计算机的运算速度，其含义是（　　）。
    A. 每秒钟处理百万个字符　　　　　B. 每分钟处理百万个字符
    C. 每秒钟执行百万条指令　　　　　D. 每分钟执行百万条指令

12. 计算机存储数据的最小单位是（　　）。
    A. 位（比特）　　B. 字节　　　　　C. 字长　　　　　D. 千字节

13. 一个字节包括（　　）个二进制位。
    A. 8　　　　　　　　B. 16　　　　　　　C. 32　　　　　　　D. 64

14. 1MB 等于（　　）字节。
    A. 100000　　　　　B. 1024000　　　　　C. 1000000　　　　　D. 1048576

15. 下列数据中，有可能是八进制数的是（　　）。
    A. 488　　　　　　　B. 317　　　　　　　C. 597　　　　　　　D. 189

16. 与十进制 36.875 等值的二进制数是（　　）。
    A. 110100.011　　　B. 100100.111　　　C. 100110.111　　　D. 100101.101

17. 磁盘属于（　　）。
    A. 输入设备　　　　B. 输出设备　　　　C. 内存储器　　　　D. 外存储器

18. 在 3.5 英寸的软盘上有一个带滑块的小方孔，其作用是（　　）。
    A. 进行读写保护　　　　　　　　　　B. 没有任何作用
    C. 进行读保护　　　　　　　　　　　D. 进行写保护

19. 计算机采用二进制最主要的理由是（　　）。
    A. 存储信息量大　　　　　　　　　　B. 符合习惯
    C. 结构简单运算方便　　　　　　　　D. 数据输入、输出方便

20. 根据计算机的（　　），计算机的发展可划分为四代。
    A. 体积　　　　　　B. 应用范围　　　　C. 运算速度　　　　D. 主要元器件

21. 汇编语言是（　　）。
    A. 机器语言　　　　B. 低级语言　　　　C. 高级语言　　　　D. 自然语言

22. 术语"ROM"是指（　　）。
    A. 内存储器　　　　　　　　　　　　B. 随机存取存储器
    C. 只读存储器　　　　　　　　　　　D. 只读型光盘存储器

23. 术语"RAM"是指（　　）。
    A. 内存储器　　　　　　　　　　　　B. 随机存取存储器
    C. 只读存储器　　　　　　　　　　　D. 只读型光盘存储器

24. PC 上使用的 3.5 英寸高密软盘的容量通常格式化成（　　）。
    A. 360KB　　　　　　B. 1.2MB　　　　　C. 1.44MB　　　　　D. 2MB

25. 下面关于页眉和页脚的叙述中错误的是（　　）。
    A. 一般情况下，页眉和页脚适用于整个文档
    B. 奇数页和偶数页可以有不同的页眉和页脚
    C. 在页眉和页脚中可以设置页码
    D. 首页不能设置页眉和页脚

26. 要使文档中每段的首行自动缩进 2 个汉字，可以使用标尺上的（　　）。
    A. 左缩进标　　　　B. 右缩进标记　　　C. 首行缩进标记　　D. 悬挂缩进标记

27. 关于 Word 修订，下列哪项是错误的？（　　）
    A. 在 Word 中可以突出显示修订
    B. 不同的修订者的修订会用不同颜色显示

C．所有修订都用同一种比较鲜明的颜色显示

D．在 Word 中可以针对某一修订进行接受或拒绝修订

28．在 Word 中，丰富的特殊符号是通过（　　　）输入的。

A．"格式"菜单中的"插入符号"命令

B．专门的符号按钮

C．"插入"菜单中的"符号"按钮

D．"区位码"方式

29．Word 应用程序窗口中的各种工具栏可以通过（　　　）进行增减。

A．"视图"菜单的"工具栏"命令　　　B．"文件"菜单的"属性"命令

C．"工具"菜单的"选项"命令　　　　D．"文件"菜单的"页面设置"命令

30．为了便于在文档中查找信息，可以使用（　　　）来代替任何一个字符进行匹配。

A．＊　　　　　　　　B．＆　　　　　　　　C．％　　　　　　　　D．？

31．在当前文档中，若需要插入 Windows 的图片，应将光标移到插入位置，然后选择（　　　）。

A．"插入"菜单中的"对象"命令　　　B．"插入"菜单中的"图片"命令

C．"编辑"菜单中的"图片"命令　　　D．"文件"菜单中的"新建"命令

32．在 Word 中，在正文中选定一个矩形区域的操作是（　　　）。

A．先按住 Alt 键，然后拖动鼠标　　　B．先按住 Ctrl 键，然后拖动鼠标

C．先按住 Shift 键，然后拖动鼠标　　　D．先按住 Alt+Shift 键，然后拖动鼠标

33．在 Word 中，要输入下标，应进行的操作是（　　　）。

A．插入文本框，缩小文本框中的字体，拖放于下标位置

B．使用"格式"菜单中的"首字下沉"选项

C．使用"格式"菜单中的"字体"选项，并选择"下标"

D．Word 中没有输入下标的功能

34．水平标尺左方三个"缩进"标记中最下面的是（　　　）。

A．首行缩进　　　　B．左缩进　　　　C．右缩进　　　　D．悬挂缩进

35．在 Word 中打印文档时，下列说法中不正确的是（　　　）。

A．在同一页上，可以同时设置纵向和横向两种页面方向

B．在同一文档中，可以同时设置纵向和横向两种页面方向

C．在打印预览时可以同时显示多页

D．在打印时可以指定打印的页面

36．在编辑文档时，如要看到页面的实际效果，应采用（　　　）模式。

A．普通视图　　　B．页面视图　　　C．大纲视图　　　D．Web 版式

37．要使某行处于居中的位置，应使用（　　　）中的"居中"按钮。

A．常用工具栏　　　　　　　　　B．格式工具栏

C．表格和边框工具栏　　　　　　D．绘图工具栏

38．Word 的哪种视图方式下可以显示分页效果？（　　　）

A．普通　　　　B．大纲　　　　C．页面　　　　D．主控文档

39. 以下关于 Word 使用的叙述中，正确的是（　　）。

A. 被隐藏的文字可以打印出来

B. 直接单击"右对齐"按钮而不用选定，就可以对插入点所在行进行设置

C. 若选定文本后，单击"粗体"按钮，则选定部分文字全部变成粗体或常规字体

D. 双击"格式刷"可以复制一次

40. 在 Word 编辑文本时，可以在标尺上直接进行（　　）操作。

A. 文章分栏　　　　B. 建立表格　　　　C. 嵌入图片　　　　D. 段落首行缩进

41. 如果插入的表格的内外框线是虚线，将光标放在表格中，可在（　　）中实现将框线变成实线。

A. "表格"菜单的"虚线"　　　　　　B. "格式"菜单的"边框和底纹"

C. "表格"菜单的"选中表格"　　　　D. "格式"菜单的"制表位"

42. 修改样式时，下列步骤（　　）是错误的。

A. 选择"视图"菜单中的"样式与格式"命令，出现样式对话框

B. 在样式类型列表框中，选定要修改的样式所属的类型

C. 从样式列表框选择要更改的样式名

D. 如果要更新该样式的指定后续段落样式，可在后续段落样式列表框中选择要指定给后续段落的样式

43. 下列关于 Word 的叙述中，不正确的是（　　）。

A. 设置了"保护文档"的文件，如果不知道口令，就无法打开它

B. Word 可同时打开多个文档，但活动文件只有一个

C. 表格中可以填入文字、数字、图形

D. 从"文件"菜单中选择"打印预览"命令，在出现的预览视图下，既可以预览打印结果，也可以编辑文本

44. 下列关于目录的说法，正确的是（　　）。

A. 当新增了一些内容使页码发生变化时，生成的目录不会随之改变，需要手动更改

B. 目录生成后有时目录文字下会有灰色底纹，打印时会打印出来

C. 如果要把某一级目录文字字体改为"小三"，需要一一手动修改

D. Word 的目录提取是基于大纲级别和段落样式的

45. Word 只有在（　　）模式下才会显示页眉和页脚。

A. 普通　　　　　　B. 图形　　　　　　C. 页面　　　　　　D. 大纲

46. Word 文档的段落标记位于（　　）。

A. 段落的首部　　　　　　　　　　B. 段落的结尾处

C. 段落的中间位置　　　　　　　　D. 段落中，但用户找不到的位置

47. 下列有关 Word 格式刷的叙述中，（　　）是正确的。

A. 格式刷只能复制纯文本的内容

B. 格式刷只能复制纯字体格式

    C．格式刷只能复制段落格式

    D．格式刷既可复制字体格式，也可复制段落格式

48．在 Word 编辑时，文字下面有红色波浪下划线表示（   ）。

    A．已修改过的文档   B．对输入的确认

    C．可能是拼写错误   D．可能的语法错误

49．下列哪种情况下无需切换至页面视图下？（   ）

    A．设置文本格式   B．编辑页眉   C．插入文本框   D．显示分栏结果

50．下列哪一个操作系统不是微软公司开发的操作系统？（   ）

    A．Windows Server 2003   B．Windows7

    C．Linux   D．Vista

51．在 Windows 7 的各个版本中，支持的功能最少的是（   ）。

    A．家庭普通版   B．家庭高级版   C．专业版   D．旗舰版

52．在 Windows 7 操作系统中，将打开窗口拖动到屏幕顶端，窗口会（   ）。

    A．关闭   B．消失   C．最大化   D．最小化

53．在 Windows 7 操作系统中，显示桌面的快捷键是（   ）。

    A．"Win"＋"D"   B．"Win"＋"P"

    C．"Win"＋"Tab"   D．"Alt"＋"Tab"

54．在 Windows 7 操作系统中，打开外接显示设置窗口的快捷键是（   ）。

    A．"Win"＋"D"   B．"Win"＋"P"

    C．"Win"＋"Tab"   D．"Alt"＋"Tab"

55．文件的类型可以根据（   ）来识别。

    A．文件的大小   B．文件的用途   C．文件的扩展名   D．文件的存放位置

56．在下列软件中，属于计算机操作系统的是（   ）。

    A．Windows 7   B．Word 2010

    C．Excel 2010   D．PowerPoint 2010

57．在 Word 2010 中如果用户想保存一个正在编辑的文档，但希望以不同文件名存储，可用（   ）命令。

    A．保存   B．另存为   C．比较   D．限制编辑

58．在 Word 2010 中，可以通过（   ）功能区对不同版本的文档进行比较和合并。

    A．页面布局   B．引用   C．审阅   D．视图

59．PowerPoint 2010 演示文稿的扩展名是（   ）。

    A．.ppt   B．.pptx   C．.xslx   D．.docx

60．在 Excel 2010 中，默认保存后的工作簿格式扩展名是（   ）。

    A．*.xlsx   B．*.xls   C．*.htm   D．*.exe

第二部分 上机操作题

一、打字题

为顺应高等教育变革热潮，推进教学改革，本学期我校引进了清华大学杨振宁教授主

讲的"魅力科学"等 9 门网络在线学习课程并在校公选课中试点。学校此次引进的网络通识教育课程是"慕课"（Massive Open Online Courses，MOOC）的一种形式。这些课程邀请国内外著名学者专家和各学科领域名师亲自传道授业解惑，精加工成"百家讲坛"形式的讲课视频，通过学生在线自学、教师在线辅导的模式，由辅导老师对学生的学习状态和学分成绩进行管理。学生课程学习成绩根据观看课程视频、提交作业、参与课程讨论、参与课程答疑以及参加课程考试等五个方面的情况综合评定。本学期我校有 1800 名学生选修"慕课"。

二、Windows 操作题

1．在考生文件夹下建立文件夹 student_id。

2．在 student_id 文件夹下建立文本文件 student.txt，文件内容为你的准考证号，（输入在首行，中间不留空格,半角字符）。

3．在系统中查找"notepad.exe"文件，并将其存放在 student_id 文件夹中。

4．在桌面上建立上题"notepad.exe"文件的快捷方式，快捷方式名为你的准考证号。

三、Word 操作题

【文档开始】

学校创办于 1958 年 6 月，时为赣南师范专科学校。1959 年改为赣南师范学院，招收了本科生。1964 年恢复为赣南师范专科学校。此后校名多次更改。1984 年恢复为赣南师范学院。2003 年成为硕士学位授予权单位。2007 年以"优秀"等次通过教育部本科教学工作水平评估。2009 年获教育硕士专业学位研究生培养资格。办学 55 年来，已为国家输送各类合格毕业生 10 万余人。

学校设有文学院、新闻与传播学院、政治与法律学院、马克思主义学院、历史文化与旅游学院、外国语学院、教育科学学院、数学与计算机科学学院、物理与电子信息学院、化学化工学院、脐橙学院、生命与环境科学学院、地理与规划学院、商学院、音乐学院、美术学院、体育学院、继续教育学院、高等职业教育学院、国际教育学院等 20 个教学学院，面向全国 29 个省（市、区）招生，全日制在校生 20 000 余人。

【文档结束】

1．第一段"学校"两字设定为首字下沉，下沉三行，距正文 1cm。

2．加上标题"赣南师范学院"，设置为三号黑体，居中。

3．正文每个自然段首行缩进 2 个汉字位置，并以四号宋体显示。

4．把第二自然段分成两栏。

四、Excel 操作题

【文档开始】

	A	B	C	D	E	F
1	学号	姓名	平时成绩	上机成绩	无纸化成绩	期末总评成绩
2	130402001	甲	89	94	92	
3	130402002	乙	81	93	70	
4	130402003	丙	78	94	77	
5	130402004	丁	90	73	82	
6	130402005	戊	82	85	78	
7	130402006	己	87	77	93	
8	130402007	庚	91	75	79	

【文档结束】

1．打开 Excel 工作簿文件，选择工作表 Sheet1，将它命名为"期末成绩表"。

2．工作表"期末成绩表"第一行设置为自动换行，在 C1、D1、E1 单元格中现有文本后面分别输入"（占总评 30%）"、"（占总评 35%）"、"（占总评 35%）"。

3．根据上题中给出的比例，利用公式复制的方法，求出每个学生的期末总评成绩。

五、PowerPoint 操作题

【文档开始】

超级计算机

超级计算机指能够执行一般个人计算机无法处理的大资料量与高速运算的电脑，其基本组成组件与个人计算机的概念无太大差异，但规格与性能则强大许多，是一种超大型电子计算机。具有很强的计算和处理数据的能力，主要特点表现为高速度和大容量，配有多种外部和外围设备及丰富的、高功能的软件系统。现有的超级计算机运算速度大都可以达到每秒一太（Trillion，万亿）次以上。

【文档结束】

1．将幻灯片运用设计模板 Crayons.pot。

2．请把幻灯片的标题设置为楷体、三号，进入动画设为棋盘。

3．请把幻灯片的正文动画设为渐变式回旋。

综合测试题二部分参考答案

题号	答案	题号	答案	题号	答案	题号	答案
1	C	16	B	31	B	46	B
2	D	17	D	32	A	47	D
3	A	18	D	33	C	48	C
4	D	19	C	34	B	49	A
5	A	20	D	35	A	50	C
6	D	21	B	36	B	51	A
7	A	22	C	37	B	52	C
8	C	23	B	38	C	53	A
9	A	24	C	39	B	54	B
10	D	25	D	40	D	55	C
11	C	26	C	41	B	56	A
12	B	27	C	42	A	57	B
13	A	28	C	43	D	58	C
14	D	29	A	44	D	59	B
15	B	30	D	45	C	60	A

综合测试题三

第一部分 理论测试题

1. 下列（　　）属于输入设备。
   A. 键盘　　　　　　B. 显示器　　　　　C. 投影仪　　　　　D. 打印机
2. 程序运行时，构成程序的指令存放在计算机的（　　）中。
   A. CPU　　　　　　B. 控制器　　　　　C. 内存　　　　　　D. 显示器
3. 计算机系统中，存储器容量的基本单位是（　　）。
   A. 赫兹　　　　　　B. 米　　　　　　　C. 光年　　　　　　D. 比特
4. 第一位提出"存储程序"思想的科学家是（　　）。
   A. 图灵　　　　　　B. 莱布尼茨　　　　C. 冯·诺伊曼　　　D. 帕斯卡
5. 计算机存储器的每个存储单元具有唯一的（　　）。
   A. 参数　　　　　　B. 地址　　　　　　C. 字　　　　　　　D. 位置
6. 计算机软件是指使计算机运行所需的（　　）的统称
   A. 程序和文档　　　B. 规则　　　　　　C. 设备　　　　　　D. 制度
7. 个人计算机（PC）属于（　　）。
   A. 大型计算机　　　　　　　　　　　　B. 小巨型计算机
   C. 微型计算机　　　　　　　　　　　　D. 中型计算机
8. 微型计算机中使用的数据库管理系统属于（　　）软件。
   A. 人工智能　　　　B. 聊天软件　　　　C. 信息管理　　　　D. 科学计算
9. 十六进制数值 A 转换成十进制是（　　）。
   A. 9　　　　　　　B. 10　　　　　　　C. 11　　　　　　　D. 8
10. 个人计算机在运行过程中，如果断电，（　　）中的信息将全部丢失。
    A. 内存　　　　　　B. 磁盘　　　　　　C. 硬盘　　　　　　D. 光盘
11. 下列不属于输入设备的有（　　）。
    A. 键盘　　　　　　B. 鼠标　　　　　　C. 扫描仪　　　　　D. 打印机
12. 下列字符中，其 ASCII 码值最大的是（　　）。
    A. 9　　　　　　　B. 0　　　　　　　　C. z　　　　　　　　D. 1
13. "64 位计算机"中的 64 指的是（　　）。
    A. 内存容量　　　　B. 硬盘大小　　　　C. 存储单位　　　　D. 机器字长
14. 目前个人计算机不能实现的功能是（　　）。
    A. 文本编辑　　　　B. 网络共享　　　　C. 播放视频　　　　D. 冷冻食品
15. 计算机中能直接和 CPU 交换数据的是（　　）。
    A. 软盘　　　　　　B. 显示器　　　　　C. 键盘　　　　　　D. 内存

16. 没有（　　）设备计算机无法工作。
    A．扫描仪　　　　　　B．鼠标　　　　　　C．内存　　　　　　D．打印机

17. 计算机的自动性是由它的（　　）决定的。
    A．内存　　　　　　　　　　　　　　B．存储程序工作原理
    C．CPU　　　　　　　　　　　　　　D．实时控制原理

18. （　　）是计算机最基本的应用，是其他应用的基础。
    A．数值运算　　　　　B．网络　　　　　　C．通信　　　　　　D．GPU

19. 计算机中负责将用户输入的信息转化为计算机内部的二进制表示的是（　　）。
    A．CPU　　　　　　　B．存储器　　　　　C．输入设备　　　　D．显示设备

20. 计算机中任何信息的表示、存取和处理都采用（　　）形式。
    A．字符串　　　　　　B．二进制　　　　　C．十进制　　　　　D．纳米

21. 以下操作系统中（　　）是免费的。
    A．Windows 7　　　　　　　　　　　　B．Linux
    C．Windows 2003　　　　　　　　　　D．Windows 98

22. 汇编语言是一种（　　）。
    A．操作系统　　　　　　　　　　　　B．低级语言
    C．数据库　　　　　　　　　　　　　D．杀毒软件

23. Windows 7 操作系统是一个（　　）。
    A．单用户操作系统　　　　　　　　　B．单任务操作系统
    C．多任务操作系统　　　　　　　　　D．数据库

24. 文件扩展名的意义是（　　）。
    A．执行　　　　　　　　　　　　　　B．表示文件的类型
    C．特征　　　　　　　　　　　　　　D．结构

25. 在 Windows 的"记事本"程序中，可以进行的工作是（　　）。
    A．对文字进行简单编辑　　　　　　　B．输入语言
    C．输入视频　　　　　　　　　　　　D．网络

26. Windows 不支持的文件系统是（　　）。
    A．FAT　　　　　　　B．FAT32　　　　　C．FAT90　　　　　D．NTFS

27. Windows 剪贴板复制操作的默认快捷键是（　　）。
    A．Alt+A　　　　　　B．Alt+V　　　　　C．Ctrl+C　　　　　D．Alt+X

28. 选择多个不连续排列的文件，可以通过按（　　）键后，逐个单击文件名。
    A．C　　　　　　　　B．Ctrl　　　　　　C．Z　　　　　　　D．Tab

29. Windows 7 中，计算机用户的管理，通过控制面板下的（　　）完成。
    A．网络　　　　　　　B．用户账户　　　　C．管理工具　　　　D．Internet

30. Word 的运行环境是（　　）操作系统。
    A．DOS　　　　　　　B．WPS　　　　　　C．Linux　　　　　D．Windows

31. 在编辑 Word 文档时，按组合键（　　）可以复制选定的文本。
    A．Ctrl+C　　　　　　B．Alt+X　　　　　C．Ctrl+V　　　　　D．Ctrl+A

32. 在 Word 中，按（　　）键执行的操作相当于单击常用工具栏上的"保存"按钮。

    A．Alt+A　　　　　B．Alt+O　　　　　C．Ctrl+S　　　　　D．Ctrl+V

33. 以下关于 Word 的描述中，正确的是（　　）。

    A．只能处理文字　　　　　　　　　B．只能处理表格

    C．可以处理文字、图形、表格等　　D．只能处理图片

34. Word 文件的默认扩展名为（　　）。

    A．txt　　　　　　　B．Exe　　　　　　C．doc　　　　　　D．bat

35. 在 Word 表格操作中，合并操作（　　）。

    A．对相邻的行/列单元格均可　　　　B．只对同行单元格有效

    C．只对同列单元格有效　　　　　　D．只对单一单元格有效

36. 在 Word 表格中，输入和编辑表格内容与编辑文档的操作（　　）。

    A．完全一致　　　　B．完全不一致　　　C．不一致　　　　　D．不清楚

37. Excel 是一个（　　）软件。

    A．数据库　　　　　B．电子表格　　　　C．文字处理　　　　D．图形处理

38. Excel 不能用以下方式为用户提供最后的结果（　　）。

    A．表格　　　　　　B．视频　　　　　　C．图表　　　　　　D．统计图形

39. Excel 保存时默认的扩展名是（　　）。

    A．bat　　　　　　　B．xls　　　　　　C．mp3　　　　　　D．doc

40. 在 Excel 中单元格地址指（　　）。

    A．单元格的长度　　　　　　　　　B．每一个单元格的大小

    C．单元格的密度　　　　　　　　　D．单元格在工作表中的位置

41. Excel 可以输入多种数据类型的数据，但不包括（　　）。

    A．数值型　　　　　B．文字型　　　　　C．日期型　　　　　D．数据库

42. 在 Excel 中，输入公式时，应首先输入（　　）。

    A．"="　　　　　　　B．"*"　　　　　　C．"&"　　　　　　D．"!"

43. 在 Excel 中，在单元格输入数据时，取消输入可以按（　　）键。

    A．Ctrl　　　　　　B．Esc　　　　　　C．P　　　　　　　D．+

44. PowerPoint 文件的默认扩展名是（　　）。

    A．*.ppt　　　　　　B．*.pp　　　　　　C．*.mp3　　　　　D．*.pps

45. 如果希望在演示过程中终止幻灯片的演示，可按（　　）键。

    A．Delete　　　　　B．E　　　　　　　C．Alt+A　　　　　D．Ese

46. PowerPoint 是电子讲演稿软件，在（　　）下运行。

    A．DOS 环境　　　　　　　　　　　B．Windows 环境

    C．UNIX 环境　　　　　　　　　　　D．Linux 环境

47. 以下（　　）不是幻灯母版的格式。

    A．测试母版　　　　B．备注母版　　　　C．标题母版　　　　D．讲义母版

48. 控制幻灯片外观的方法中，不包括（　　）。

    A．母版　　　　　　B．幻灯片版式　　　C．配色方案　　　　D．放映幻灯片

49. 在幻灯片放映时，以下哪个说法是正确的（　　　）。

　　A．演讲者可以全屏幕方式放映幻灯片

　　B．可以以窗口方式放映幻灯片

　　C．可以在无人干预情况下全屏幕方式放映幻灯片

　　D．以上都正确

50. PowerPoint 最适合用于以下（　　　）设计。

　　A．视频通信　　　　B．公司产品介绍　　C．图像处理工具　　D．管理信息系统

51. FTP 的主要功能是（　　　）。

　　A．传送文件　　　　B．远程登录　　　　C．收发电子邮件　　D．浏览网页

52. 在 Internet 上使用的基本通信协议是（　　　）。

　　A．NOVELL　　　　B．TCP/IP　　　　C．NETBOI　　　　D．IPX/SPX

53. 计算机网络按照所覆盖的地理范围，可以分为广域网、城域网与（　　　）。

　　A．局域网　　　　　B．卫星网　　　　　C．TCP　　　　　　D．ISDN

54. 搜索引擎其实是一个（　　　）。

　　A．计算机　　　　　B．软件　　　　　　C．服务器　　　　　D．硬件设备

55. 下面是某单位主页 Web 地址的 URL，其中 URL 格式正确的是（　　　）。

　　A．Http//www\.gnnu　　　　　　　B．Http:www/.gnnu.edu.cn

　　C．www.gnnu.edu.cn　　　　　　　D．Http\:/www.gnnu.edu.cn

56. E-mail 地址中的@的含义（　　　）。

　　A．与　　　　　　　B．或　　　　　　　C．在　　　　　　　D．非

57. 可能被感染计算机病毒的途径是（　　　）。

　　A．关闭计算机　　　　　　　　　　　B．运行外来程序

　　C．软盘表面不清洁　　　　　　　　　D．机房电源不稳定

58. 计算机病毒可以存在于（　　　）中。

　　A．电子邮件　　　　B．应用程序　　　　C．Word 文档　　　D．以上都是

59. 多媒体信息包括（　　　）。

　　A．数字、文字　　　B．声音、图形　　　C．动画、视频　　　D．以上信息

60. 以下文件格式哪种不是视频文件（　　　）。

　　A．*.rmvb　　　　　B．*.avi　　　　　　C．*.doc　　　　　　D．*.rm

第二部分　上机操作题

一、打字题

宋词是一种新体诗歌，句子有长与短，便于歌唱。因是合乐的歌词，故又称曲子词、乐府、乐章、长短句、诗余、琴趣等。始于唐，定型于五代，盛于宋。宋词是中国古代文学皇冠上光辉夺目的一颗巨钻，在古代文学的阆苑里，她是一座芬芳绚丽的园圃。她以姹紫嫣红、千姿百态的神韵，与唐诗争奇，与元曲斗艳，历来与唐诗并称双绝，都代表一代文学之盛。后有同名书籍《宋词》。

二、Windows 操作题

1. 在考生文件夹下建立名称为考生准考证号的文件夹。

2. 在名称为考生准考证号的文件夹下建立文本文件 abc.txt，文件内容为考生的姓名。

3. 在桌面上建立上题中文本文件的快捷方式，快捷方式名为考生的准考证号。

三、Word 操作题

【文档开始】

唐诗是汉民族最珍贵的文化遗产，是汉文化宝库中的一颗明珠，同时也对周边民族和国家的文化发展产生了很大影响。唐代被视为中国各朝代旧诗最丰富的朝代，因此有唐诗、宋词之说。大部分唐诗都收录在《全唐诗》中，自唐朝开始，有关唐诗的选本不断涌现，而流传最广的当属蘅塘退士编选的《唐诗三百首》。

按照时间，唐诗的创作分四个阶段初唐、盛唐、中唐、晚唐。唐代的诗人特别多，李白、杜甫、白居易、王维都是世界闻名的伟大诗人。

【文档结束】

1. 新建一个 Word 文档，输入如下内容。加上标题："唐诗"，三号楷体，居中。

2. 正文每个自然段首行缩进 2 个汉字位置，并以四号仿宋显示。

3. 设置正文的行间距为 1.2 倍行距，段前 0.5 行距、段后 0.5 行距。

四、Excel 操作题

1. 打开 Excel 工作簿文件，选择工作表 Sheet1，在 A1 到 E7 区域内，输入如下内容。

2. 使用公式计算 E2 到 E6 中的金额（注：金额=数量×单价）。

3. 使用公式，算出从 E2 到 E6 中金额的和，填写在 E7 中。

	A	B	C	D	E
1	序号	产品名称	数量（单位：）	单价（元）	金额（元）
2	1	笔记本电脑	1	6,000.00	
3	2	打印机	2	1,500.00	
4	3	打印纸	2	80.00	
5	4	投影仪	1	3,000.00	
6	5	传真机	1	800.00	
7				总计：	
8					

五、PPT 操作题

【文档开始】

元曲

● 元曲是盛行于元代的一种文艺形式，包括杂剧和散曲，有时专指杂剧。杂剧，宋代以滑稽调笑为特点的一种表演形式。元代发展成戏曲形式，每本以四折为主，在开头或折间另加楔子。每折用同宫调同韵的北曲套曲和宾白组成。如关汉卿的《窦娥冤》等。流行于大都（今北京）一带。明清两代也有杂剧，但每本不限四折。散曲，盛行于元、明、清三代的没有宾白的曲子形式。内容以抒情为主，有小令和散套两种。

【文档结束】

1. 新建一张幻灯片，输入如下所示内容。

2. 设置幻灯片的切换效果为"水平百叶窗"。

综合测试题三部分参考答案

题号	答案	题号	答案	题号	答案	题号	答案
1	A	16	C	31	A	46	B
2	C	17	B	32	C	47	A
3	D	18	A	33	C	48	D
4	C	19	C	34	C	49	D
5	B	20	B	35	A	50	B
6	A	21	B	36	A	51	A
7	C	22	B	37	B	52	B
8	C	23	C	38	B	53	A
9	B	24	B	39	B	54	B
10	A	25	A	40	D	55	C
11	D	26	C	41	D	56	C
12	C	27	C	42	A	57	B
13	D	28	B	43	B	58	D
14	D	29	B	44	A	59	D
15	D	30	D	45	D	60	C

综合测试题四

1. 在计算机内部，一切信息的存储、处理与传送均使用（　　）。

   A．二进制数　　　　B．十六进制数　　C．八进制数　　　　D．十进制数

2. 计算机能够直接执行的程序是（　　）。

   A．应用软件　　　　B．机器语言程序　C．源程序　　　　　D．汇编语言程序

3. 完整的计算机系统组成是（　　）。

   A．计算机及其外部设备　　　　　　B．主机、显示器、软件

   C．系统软件与应用软件　　　　　　D．硬件系统与软件系统

4. 计算机内部使用二进制数，有关其优越性的描述错误的是（　　）。

   A．开关的接通与断开，可用来表示二进制数中的 0 和 1

   B．二进制数中的 0 和 1 正好表示逻辑值"真"和"假"

   C．只包含两个数码，表示的数量较小

   D．二进制数的运算规则简单

5. 在 24×24 点阵的字库中，汉字"一"与"编"的字模占用字节数分别是（　　）。

   A．72、72　　　　　B．32、32　　　　C．32、72　　　　　D．72、32

6. 下列各种进制的数中，数值最大的数是（　　）。

   A．$(57)_8$　　　　　B．$(2A)_{16}$　　　　C．$(101110)_2$　　　D．$(44)_{10}$

7. 通常所说的 16G 的优盘，这 16G 指的是（　　）。

   A．读写频率　　　　B．商标号　　　　C．磁盘编号　　　　D．磁盘容量

8. 用高级程序设计语言编写的程序称为（　　）。

   A．目标程序　　　　B．执行程序　　　C．源程序　　　　　D．伪代码程序

9. 要把高级语言编写的源程序转换为目标程序，需要使用（　　）。

   A．编辑程序　　　　B．驱动程序　　　C．诊断程序　　　　D．编译程序

10. CPU 是计算机的核心，它是由（　　）组成的。

   A．控制器和存储器　　　　　　　　B．运算器和控制器

   C．运算器和存储器　　　　　　　　D．控制器和显示器

11. 微型计算机在工作中，由于断电或突然"死机"而重新启动后，则计算机（　　）中的内容将全部消失。

   A．ROM 和 RAM　B．ROM　　　　　C．硬盘　　　　　　D．RAM

12. 在"画图"程序中，选用"矩形"工具后，移动鼠标到绘图区，拖动鼠标时按住（　　）键，可以绘制正方形。

   A．Alt　　　　　　B．Ctrl　　　　　C．Shift　　　　　D．Backspace

13. 磁盘碎片形成原因是由于（　　）。

   A．灰尘微粒对硬盘的侵蚀造成的

    B. 机械振动造成磁盘表面的细微裂缝所致

    C. 频繁的非正常关闭计算机造成磁盘损伤

    D. 磁盘反复保存、改写、删除文件造成文件存放不连续所致

14. 内存储器中每个存储单元都被赋予唯一的一个序号，该序号称为（   ）。

    A. 地址   B. 字节   C. 标号   D. 容量

15. 微型计算机中使用的鼠标器是连接在（   ）。

    A. 打印机接口上的   B. 显示器接口上的

    C. 并行接口上的   D. 串行接口上的

16. 使用计算机时，开关机顺序会影响主机寿命，正确的方法是（   ）。

    A. 开机：打印机、主机、显示器；关机：主机、打印机、显示器

    B. 开机：打印机、显示器、主机；关机：显示器、打印机、主机

    C. 开机：主机、打印机、显示器；关机：主机、打印机、显示器

    D. 开机：打印机、显示器、主机；关机：主机、显示器、打印机

17. 在微型计算机系统中，硬件与软件的关系是（   ）。

    A. 在一定条件下可以相互转化的关系   B. 逻辑功能等价关系

    C. 整体与部分的关系   D. 固定不变的关系

18. 目前多媒体计算机中对动态图像数据压缩采用（   ）。

    A. JPEG   B. GIF   C. MPEG   D. BMP

19. 以存储程序原理为基础的计算机结构是由（   ）最早提出的。

    A. 冯·诺依曼   B. 布尔   C. 卡诺   D. 图灵

20. 任何程序都必须加载到（   ）才能被 CPU 执行。

    A. 磁盘   B. 硬盘   C. 内存   D. 外存

21. 在微型计算机的性能指标中，内存储器容量指的是（   ）。

    A. ROM 的容量   B. RAM 的容量

    C. ROM 和 RAM 容量的总和   D. CD-ROM 的容量

22. 安装 Windows 7 操作系统时，系统磁盘分区必须为（   ）格式才能安装。

    A. FAT   B. FAT16   C. FAT32   D. NTFS

23. 任务栏可以移动到桌面的（   ）。

    A. 上部   B. 右部   C. 左部   D. 都可以

24. 在 Windows 7 操作系统中，属于默认库的有（   ）。

    A. 文档   B. 音乐、视频   C. 图片   D. 以上都是

25. Windows 的文件夹组织结构是一种（   ）。

    A. 表格结构   B. 树型结构   C. 网状结构   D. 顺序结构

26. 在 Windows 7 中可以完成窗口切换的方法是（   ）。

    A. "Alt" + "Tab"   B. "Win" + "Tab"

    C. 单击要切换窗口的任何可见部位   D. 单击任务栏上要切换的应用程序按钮

27. 可以将当前窗口中的全部内容复制到剪贴板中的操作是（   ）。

    A. 按 "Ctrl+PrintScreen" 键   B. 按 "PrintScreen" 键

C. 按"Alt+PrintScreen"键 D. 按"Shift+PrintScreen"键

28. 在 Windows 7 中，当一个应用程序窗口被最小化后，该应用程序将（　　）。

　　A. 被终止执行　　　　　　　　　B. 继续在前台执行

　　C. 被暂停执行　　　　　　　　　D. 被转入后台运行

29. 下列主要用来输入音频信息的设备是（　　）。

　　A. 键盘　　　　B. 显示器　　　　C. 话筒　　　　D. 扫描仪

30. 在 Word 2010 中，当前输入的文字显示在（　　）。

　　A. 鼠标光标处　　　B. 插入点处　　　C. 文件尾部　　　D. 当前行尾部

31. Word 中字符数据的录入原则是（　　）。

　　A. 可任意加空格、回车键

　　B. 可任意加空格，但不可以任意加回车键

　　C. 不可任意加空格、回车键

　　D. 不可任意加空格，可以任意加回车键

32. 在 Word 2010 中，如果在输入的文字或标点下面出现红色波浪线，表示（　　），可用"审阅"选项卡中的"拼写和语法"命令来检查。

　　A. 拼写和语法错误　　　　　　　B. 句法错误

　　C. 系统错误　　　　　　　　　　D. 其他错误

33. 在 Word 2010 中，给每位家长发送一份《期末成绩通知单》，用（　　）命令最简便。

　　A. 复制　　　　B. 信封　　　　C. 标签　　　　D. 邮件合并

34. 在 Word 2010 中，可以通过（　　）选项卡中的"翻译"命令对文档内容翻译成其他语言。

　　A. 开始　　　　B. 页面布局　　　　C. 引用　　　　D. 审阅

35. 在 Word 2010 中，可以通过（　　）选项卡对所选内容添加批注。

　　A. 插入　　　　B. 页面布局　　　　C. 引用　　　　D. 审阅

36. "开始"选项卡中的"字体"组不可以对文本进行的操作设置是（　　）。

　　A. 字体　　　　B. 字号　　　　C. 消除格式　　　　D. 样式

37. 在单元格中输入下列（　　），该单元格显示 0.3。

　　A. 6/20　　　　B. =6/20　　　　C. "6/20"　　　　D. ="6/20"

38. 给工作表设置背景，可以通过下列（　　）完成。

　　A. "开始"选项卡　　　　　　　　B. "视图"选项卡

　　C. "页面布局"选项卡　　　　　　D. "插入"选项卡

39. 已知单元格 A1 中存有数值 563.68，若输入函数=INT(A1)，则该函数值为（　　）。

　　A. 563.7　　　　B. 563.78　　　　C. 563　　　　D. 563.8

40. 在 Excel 2010 中，仅把某单元格的批注复制到另外单元格中，方法是（　　）。

　　A. 复制原单元格，到目标单元格执行粘贴命令

　　B. 复制原单元格，到目标单元格执行选择性粘贴命令

　　C. 使用格式刷

　　D. 将两个单元格链接起来

41. 在 Excel 2010 中，要在某单元格中输入 1/2，应该输入（　　）。

    A. #1/2　　　　　　B. 0.5　　　　　　C. 0 1/2　　　　　　D. 1/2

42. 现 A1 和 B1 中分别有内容 12 和 34，在 C1 中输入公式"=A1&B1"，则 C1 中的结果是（　　）。

    A. 1234　　　　　　B. 12　　　　　　C. 34　　　　　　D. 46

43. Excel 2010 中，在对某个数据库进行分类汇总之前，必须（　　）。

    A. 不应对数据排序　　　　　　　　　　B. 使用数据记录单

    C. 应对数据库的分类字段进行排序　　　D. 设置筛选条件

44. 在 PowerPoint 文档中能添加下列哪些对象（　　）。

    A. Excel 图表　　　B. 电影和声音　　　C. Flash 动画　　　D. 以上都对

45. 超链接只有在（　　）视图中才能被激活。

    A. 幻灯片视图　　　　　　　　　　　　B. 大纲视图

    C. 幻灯片浏览视图　　　　　　　　　　D. 幻灯片放映视图

46. 在幻灯片浏览视图下（　　）操作是无法进行的。

    A. 插入幻灯片　　　　　　　　　　　　B. 删除幻灯片

    C. 改变幻灯片的顺序　　　　　　　　　D. 编辑幻灯片中的占位符的位置

47. PowerPoint 2010 中，从当前幻灯片开始放映的快捷键说法正确的是（　　）。

    A. F2　　　　　　　B. F5　　　　　　C. Shift+F5　　　　D. Ctrl+P

48. PowerPoint 2010 中，（　　）中插入徽标可以使其在每张幻灯片上的位置自动保持相同。

    A. 讲义母版　　　　B. 幻灯片母版　　　C. 标题母版　　　D. 备注母版

49. 在 PowerPoint 2010 中，默认的视图模式是（　　）。

    A. 普通视图　　　　B. 阅读视图　　　　C. 幻灯片浏览视图　D. 备注视图

50. 下列幻灯片元素中，（　　）无法打印输出。

    A. 幻灯片图片　　　　　　　　　　　　B. 幻灯片动画

    C. 母版设置的企业标记　　　　　　　　D. 幻灯片

51. 媒体是（　　）。

    A. 各种信息的编码　　　　　　　　　　B. 表示信息和传播信息的载体

    C. 计算机屏幕显示的信息　　　　　　　D. 计算机输入和输出的信息

52. 多媒体信息不包括（　　）。

    A. 文本、图形　　　B. 音频、视频　　　C. 图像、动画　　D. 光盘、声卡

53. 计算机病毒实际上是一种（　　）。

    A. 计算机部件　　　B. 计算机程序　　　C. 损坏的计算机部件　D. 计算机芯片

54. 为防止黑客（Hacker）的入侵，下列做法有效的是（　　）。

    A. 关紧机房的门窗　　　　　　　　　　B. 在机房安装电子报警装置

    C. 定期整理磁盘碎片　　　　　　　　　D. 在计算机中安装防火墙

55. 传输速率的单位为比特/秒，通常记为（　　）。

    A. B/s　　　　　　　B. bps　　　　　　C. bpers　　　　D. band

56. 调制解调器的作用是（　　　）。

    A. 将数字信号调制成模拟信号　　　　　B. 将模拟信号转换成数字信号

    C. 兼有 A 和 B 的功能　　　　　　　　　D. 减少信号传输中的损失

57. HTTP 的中文意思是（　　　）。

    A. 布尔逻辑搜索　　B. 电子公告牌　　　C. 文件传输协议　　D. 超文本协议

58. 电子邮件地址格式为：username@hostname，其中 hostname 为（　　　）。

    A. 某公司名　　　　　　　　　　　　　B. 某国家名

    C. 用户地址名　　　　　　　　　　　　D. ISP 某台主机的域名

59. 从 www.jxddd.gov.cn 可以看出，它是中国（　　　）的一个站点。

    A. 军事部门　　　　B. 政府部门　　　　C. 教育部门　　　　D. 工商部门

60. 一台家用微型计算机，要联上 Internet，则该台计算机必须安装（　　　）协议。

    A. IEEE802.2　　　B. X.25　　　　　C. TCP/IP　　　　D. IPX/SPX

第二部分　上机操作题

一、打字题

立易于扩充理解和修改的程序结构的设计者曾说过当复杂上升的时候结构决定了材料举了一个用砖头来架一条通道的例子即使你可能知道许多砖头的材料性质例如如何把它们粘接在一起怎样用它们来砌墙地板以及一些普通结构但是如果你不了解拱形的机理那么当你要用砖头来架一个拱形时就成为一种困难了通过进一步的了解记者注意到这种仅仅以价格作为赢取消费群体的唯一手段表面上看销售额有大幅度上升窨有多少实际利润记者不禁要打一个问号只有提升价格以外的附加

二、Windows 操作题

1. 将考生文件夹下 extra 文件夹下的文件夹 kub 删除。

2. 在考生文件夹下的 leo 文件夹下建立一个名为 pokh 的新文件夹。

3. 将考生文件夹下 rum 文件夹中的文件 pase.bmp 设置为只读和隐藏属性。

4. 将考生文件夹下 jimi 文件夹中的文件 fene.pas 移动到考生文件夹下的 mude 文件夹中。

5. 将考生文件夹下 soup\hyr 文件夹中的文件 base.for 再复制一份，并将新复制的文件改名为 base.pas。

6. 将考生文件夹下 sqey 文件夹中的文件 nex.c 更名为 pier.bas。

三、Word 操作题

1. 在考生文件夹下，打开文档 word1.docx，按照要求完成下列操作并以该文件名（word1.docx）保存文档。

【文档开始】

调查表明京沪穗网民主导"B2C"

根据蓝田市场研究公司对全国 16 个城市网民的调查表明，北京、上海、广州网民最近 3 个月有网上购物行为的人数比例分别为 13.1%、5.3%、6.1%，远远高于全国平均水平的 2.8%；与去年同期相比，北京、上海、广州三地最近 3 个月中有网上购物行为的人数比例为 8.6%，比去年有近半幅的增长。尽管互联网的冬季仍未过去，但调查结果预示，京、沪、穗三地将成为我国互联网及电子商务的早春之地，同时是 B2C 电子商务市场的中心地位，并起着引导作用，足以引起电子商务界的关注。

调查还发现，网民中网上购物的行为与城市在全国的中心化程度有关，而与单纯的经济发展水平的关联较弱。深圳是全国人均收入最高的地区，大连也是人均收入较高的城市，但两城市网民的网上购物的人数比例分别只有 1.1%、1.9%，低于武汉、重庆等城市。

蓝田市场研究公司通过两年的调查认为，影响我国 B2C 电子商务的发展的因素，除了经常提到的网络条件、网民数量、配送系统、支付系统等基础因素外，还要重视消费者的购物习惯、购物观念，后者的转变甚至比前者需要更长的时间和耐心。

【文档结束】

（1）将标题段（"调查表明京沪穗网民主导'B2C'"）设置为小二号黑体、红色、居中，并添加黄色底纹，设置段后间距为 1 行。

（2）将正文各段（"根据蓝田市场研究公司……更长的时间和耐心。"）中所有的"互联网"替换为"因特网"；各段落内容设置为小五号宋体，各段落左、右各缩进 0.5 字符，首行缩进 2 字符，行距 18 磅。

2．在考生文件夹下，打开文档 word2.docx，按照要求完成下列操作并以该文件名（word2.docx）保存文档。

【文档开始】

考生号	数学	外语	语文
12144091A	78	82	80
12144084B	82	87	80
12144087C	94	93	86
12144085D	90	89	91

【文档结束】

（1）在表格最右边插入一空列，输入列标题"总分"，在这一列下面的各单元格中计算其左边相应 3 个单元格中数据的总和。

（2）将表格设置为列宽 2.4cm；表格外围框线为 3 磅单实线，表内线为 1 磅单实线；表内所有内容对齐方式为水平居中。

四、Excel 操作题

（1）打开工作簿文件 excel.xlsx，将工作表 sheet1 的 A1:D1 单元格合并为一个单元格，内容水平居中，计算"增长比例"列的内容，增长比例＝（当年人数－去年人数）/去年人数，将工作表命名为"招生人数情况表"。

	A	B	C	D
1	某大学各专业招生人数情况表			
2	专业名称	去年人数	当年人数	增长比例
3	计算机	289	436	
4	信息工程	240	312	
5	自动控制	150	278	

（2）选取"招生人数情况表"的"专业名称"列和"增长比例"列的单元格内容，建立"簇状圆锥图"，X 轴上的项为专业名称，图表标题为"招生人数情况图"，插入到表的 A7:F18 单元格区域内。

五、PowerPoint 操作题

打开考生文件夹下的演示文稿 yswg.pptx，按照下列要求完成对此文稿的修饰并保存。

（1）使用演示文稿设计中的"活力"模板来修饰全文。全部幻灯片的切换效果设置成"平移"。

（2）在幻灯片文本处键入"踢球去！"文字，设置成黑体、倾斜、48 磅。幻灯片的动画效果设置：剪贴画是"飞入"、"自左侧"，文本为"飞入"、"自右下部"。动画顺序为先剪贴画后文本。在演示文稿开始插入一张"仅标题"幻灯片，作为文稿的第一张幻灯片，主标题键入"人人都来锻炼"，设置为 72 磅。

综合测试题四部分参考答案

题号	答案	题号	答案	题号	答案	题号	答案
1	A	16	D	31	C	46	D
2	B	17	A	32	A	47	C
3	D	18	C	33	D	48	B
4	C	19	A	34	D	49	A
5	A	20	C	35	D	50	B
6	A	21	B	36	D	51	B
7	D	22	D	37	B	52	D
8	C	23	D	38	C	53	B
9	D	24	D	39	C	54	D
10	B	25	B	40	B	55	B
11	D	26	A	41	C	56	C
12	C	27	C	42	A	57	D
13	D	28	D	43	C	58	D
14	A	29	C	44	D	59	B
15	D	30	B	45	D	60	C

综合测试题五

第一部分 理论测试题

1. 世界上第一台计算机诞生于（　　）。

 　A．1945 年　　　　　B．1956 年　　　　　C．1935 年　　　　　D．1946 年

2. 第 4 代电子计算机使用的电子元件是（　　）。

 　A．晶体管　　　　　　　　　　　　B．电子管

 　C．中、小规模集成电路　　　　　　D．大规模和超大规模集成电路

3. 二进制数 110000 转换成十六进制数是（　　）。

 　A．77　　　　　　　　B．D7　　　　　　　　C．7　　　　　　　　D．30

4. 与十进制数 4625 等值的十六进制数为（　　）。

 　A．1211　　　　　　　B．1121　　　　　　　C．1122　　　　　　　D．1221

5. 二进制数 110101 对应的十进制数是（　　）。

 　A．44　　　　　　　　B．65　　　　　　　　C．53　　　　　　　　D．74

6. 在 24×24 点阵字库中，每个汉字的字模信息存储在多少个字节中（　　）。

 　A．24　　　　　　　　B．48　　　　　　　　C．72　　　　　　　　D．12

7. 下列字符中，其 ASCII 码值最小的是（　　）。

 　A．A　　　　　　　　B．a　　　　　　　　C．k　　　　　　　　D．M

8. 微型计算机中，普遍使用的字符编码是（　　）。

 　A．补码　　　　　　　B．原码　　　　　　　C．ASCII 码　　　　　D．汉字编码

9. 网络操作系统除了具有通常操作系统的 4 大功能外，还具有的功能是（　　）。

 　A．文件传输和远程键盘操作　　　　B．分时为多个用户服务

 　C．网络通信和网络资源共享　　　　D．远程源程序开发

10. 为解决某一特定问题而设计的指令序列称为（　　）。

 　A．文件　　　　　　　B．语言　　　　　　　C．程序　　　　　　　D．软件

11. 下列叙述中，正确的一条是（　　）。

 　A．计算机系统是由主机、外设和系统软件组成的

 　B．计算机系统是由硬件系统和应用软件组成的

 　C．计算机系统是由硬件系统和软件系统组成的

 　D．计算机系统是由微处理器、外设和软件系统组成的

12. 两个软件都属于系统软件的是（　　）。

 　A．DOS 和 Excel　　B．DOS 和 UNIX　　C．UNIX 和 WPS　　D．Word 和 Linux

13. 数据传输速率的单位是（　　）。

 　A．位/秒　　　　　　B．字长/秒　　　　　C．帧/秒　　　　　　D．米/秒

14. 下列有关总线的描述，不正确的是（　　）。

    A. 总线分为内部总线和外部总线　　　　B. 内部总线也称为片总线

    C. 总线的英文表示就是 Bus　　　　　　 D. 总线体现在硬件上就是计算机主板

15. 在 Windows 环境中，最常用的输入设备是（　　）。

    A. 键盘　　　　　　B. 鼠标　　　　　　C. 扫描仪　　　　　　D. 手写设备

16. 下列叙述中，正确的是（　　）。

    A. 计算机的体积越大，其功能越强

    B. CD-ROM 的容量比硬盘的容量大

    C. 存储器具有记忆功能，故其中的信息任何时候都不会丢失

    D. CPU 是中央处理器的简称

17. 十进制数 269 转换为十六进制数为（　　）。

    A. 10E　　　　　　B. 10D　　　　　　C. 10C　　　　　　D. 10B

18. 下列属于计算机病毒特征的是（　　）。

    A. 模糊性　　　　　B. 高速性　　　　　C. 传染性　　　　　D. 危急性

19. 下列叙述中，正确的一条是（　　）。

    A. 二进制正数原码的补码就是原码本身

    B. 所有十进制小数都能准确地转换为有限位的二进制小数

    C. 存储器中存储的信息即使断电也不会丢失

    D. 汉字的机内码就是汉字的输入码

20. 下列叙述中，错误的一条是（　　）。

    A. 描述计算机执行速度的单位是 MB

    B. 计算机系统可靠性指标可用平均无故障运行时间来描述

    C. 计算机系统从故障发生到故障修复平均所需的时间称为平均修复时间

    D. 计算机系统在不改变原来已有部分的前提下，增加新的部件、新的处理能力

       或增加新的容量的能力，称为可扩充性

21. CAL 表示为（　　）。

    A. 计算机辅助设计　　　　　　　　　　B. 计算机辅助制造

    C. 计算机辅助学习　　　　　　　　　　D. 计算机辅助军事

22. 计算机的应用领域可大致分为 6 个方面，下列选项中属于这几项的是（　　）。

    A. 计算机辅助教学、专家系统、人工智能

    B. 工程计算、数据结构、文字处理

    C. 实时控制、科学计算、数据处理

    D. 数值处理、人工智能、操作系统

23. 在 Windows 系统中，关于"回收站"的说法中正确的是（　　）。

    A. 删除软盘中的文件会放入"回收站"

    B. 删除优盘中的文件会放入"回收站"

    C. 删除硬盘中的文件会放入"回收站"

    D. "回收站"能回收所有被彻底删除的文件

24. 操作系统是一种（　　）。

　　A．应用软件　　　　B．系统软件　　　　C．通用软件　　　　D．工具软件

25. 计算机操作系统的作用是（　　）。

　　A．管理计算机系统的全部软、硬件资源，合理组织计算机的工作流程，以达到充分发挥计算机资源的效率，为用户提供使用计算机的友好界面

　　B．对用户存储的文件进行管理，方便用户

　　C．执行用户键入的各类命令

　　D．为汉字操作系统提供运行的基础

26. 在 Windows 操作环境下，欲将整个活动窗口的内容全部拷贝到剪贴板中，应使用（　　）键。

　　A．Print Screen　　　　　　　　B．Alt+PrintScreen

　　C．Ctrl+Space　　　　　　　　　D．Alt+F4

27. 下面各种程序中，不属于 Windows 附件的是（　　）。

　　A．记事本　　　　B．计算器　　　　C．磁盘整理程序　　D．增加新硬件

28. 在分时系统中，时间片一定，（　　），响应时间越长。

　　A．内存越多　　　　　　　　　B．用户数越多

　　C．后备队列越短　　　　　　　D．用户数越少

29. 在下列操作系统中，属于分时操作系统的是（　　）。

　　A．UNIX　　　　　　　　　　　B．MS DOS

　　C．Windows 2000/XP　　　　　　D．Novell NetWare

30. Word 默认生成的文档的扩展名是（　　）。

　　A．.docx　　　　B．.txtx　　　　C．.pdfx　　　　D．.mp3x

31. 当我们打开 Word 文档后，文档的插入点总是在（　　）。

　　A．任意位置　　　　　　　　　B．文档的开始位置

　　C．上次最后存盘时的位置　　　D．文档的末尾

32. 如果要将某个新建样应用到文档中，以下（　　）方法无法完成样式的应用。

　　A．使用快速样式库或样式任务窗格直接应用

　　B．使用查找与替换功能替换样式

　　C．使用格式刷复制样式

　　D．使用"Ctrl+W"组合键重复应用样式

33. 在 Word 中，图像可以以多种环绕形式与文本混排，（　　）不是它提供的环绕形式。

　　A．穿越型　　　　B．四周型　　　　C．左右型　　　　D．上下型

34. "格式刷"按钮有很强的排版功能，为多次复制同一格式，选用（　　）。

　　A．在"工具"菜单的"选项"命令中定义

　　B．双击"格式刷"按钮

　　C．单击"格式刷"按钮

　　D．在"格式"菜单中定义

35. 在编辑 Word 文档时，要选择文本中的某一行，可将鼠标指向该行左侧的文本选定区，并（　　　）。

　　A. 单击　　　　　　B. 双击　　　　　　C. 三击　　　　　　D. 右击

36. 打开一个已有的 Word 文档，进行编辑后，选择"保存"操作，那么该文档（　　　）。

　　A. 被保存在原文件夹下　　　　　　B. 可以保存在已有的其他文件夹下
　　C. 可以保存在新建的文件夹下　　　D. 保存后会被关闭

37. 在 Excel 中，对单元格引用不正确的是（　　　）。

　　A. C$88.　　　　B. $C88.　　　　C. C8$8.　　　　D. C88

38. 已在某工作表的 F10 单元格中输入了星期四，再拖动该单元格的填充柄向上移动，请问在 F9、F8、F7 单元格会出的内容是（　　　）。

　　A. 星期四、星期五、星期六　　　　B. 星期三、星期二、星期一
　　C. 星期五、星期六、星期日　　　　D. 星期一、星期二、星期三

39. 在 Excel 中，图表是工作表数据的一种视觉表达形式，图表是动态的，改变了图表的（　　　）后，Excel 会自动更新图表。

　　A. X轴数据　　　　B. Y轴数据　　　　C. 所依赖的数据　　　D. 标题

40. 在 Excel 中，对数据表作分类汇总前，要先（　　　）。

　　A. 筛选　　　　　　B. 选中　　　　　　C. 按任意列排序　　　D. 按分类列排序

41. Excel 中输入字符时，其默认的对齐方式是单元格内靠（　　　）对齐。

　　A. 两端　　　　　　B. 居中　　　　　　C. 右　　　　　　D. 左

42. 在 Excel 中，要使在活动单元格中输入的 0101，应先输入英文符号（　　　）。

　　A. '　　　　　　　B. "　　　　　　　C. \　　　　　　　D. /

43. 在 Excel 中，若对某工作表重新命名，可采用（　　　）。

　　A. 单击工作表标签　　　　　　　　B. 双击工作表标签
　　C. 单击表格标题栏　　　　　　　　D. 双击表格标题栏

44. 下列关于 PowerPoint 的配色方案，说法正确的是（　　　）。

　　A. 配色方案只能应用在所有幻灯片中
　　B. 配色方案不能应用于单张幻灯片
　　C. PowerPoint 提供了一套标准的配色方案
　　D. 配色方案的应用不能使用"格式刷"

45. 演示文稿类型的扩展名（　　　）。

　　A. .htmx　　　　B. .pptx　　　　C. .ppsx　　　　D. .potx

46. 下列各选项中，不能用于播放 PowerPoint 演示文稿的是（　　　）。

　　A. 按下键盘上的"F5"键
　　B. 单击"视图"菜单中的"幻灯片浏览"按钮
　　C. 单击"视图"菜单中的"幻灯片放映"按钮
　　D. 在"幻灯片放映"菜单中选择"观看放映"按钮

47. PowerPoint 中，幻灯片母版的设置可以（　　　）。

　　A. 统一整套幻灯片的风格　　　　　B. 统一标题内容

C．统一图片内容　　　　　　　　D．统一页码内容

48．设置幻灯片放映时间的命令是（　　　）。

    A．"幻灯片放映"中的"预设动画"命令

    B．"幻灯片放映"中的"动作设置"

    C．"幻灯片放映"中的"排练计时"命令

    D．"插入"中的"日期和时间"命令

49．在演示文稿中，插入的超链接所链接的目标不能是（　　　）。

    A．另一个演示文稿　　　　　　　B．同一个演示文稿的某一张幻灯片

    C．其他应用程序的文档　　　　　D．幻灯片中的某个对象

50．如要终止幻灯片的放映，可直接按（　　）键。

    A．Ctrl+C　　　　B．Esc　　　　C．End　　　　D．Alt+F4

51．IP 地址是由（　　　）组成的。

    A．三个黑点分隔主机名、单位名、地区名和国家名 4 个部分

    B．三个黑点分隔 4 个 0～255 数字

    C．三个黑点分隔 4 个部分，前两部分是国家名和地区名，后两部分是数字

    D．三个黑点分隔 4 个部分，分别是国家名、地区名代号、网络和主机

52．局域网络的传输介质不包括（　　　）。

    A．双绞线　　　　B．同轴电缆　　　C．光纤　　　　D．普通电线

53．下列域名中，表示教育机构的是（　　　）。

    A．ftp.bta.net.cn　　　　　　　　B．ftp.cnc.ac.cn

    C．www.ioa.ac.cn　　　　　　　　D．www.buaa.edu.cn

54．开放系统互联参考（OSI）模型的基本结构分为（　　　）层。

    A．5　　　　　　B．6　　　　　　C．7　　　　　　D．8

55．万维网的网址以 http 为前导，表示遵从（　　　）协议。

    A．纯文本　　　　B．超文本传输　　C．TCP/IP　　　D．POP

56．已知接入 Internet 的计算机用户名为 Xinhua，而连接的服务器主机名 Public.tpt. fj.cn，相应的 E-mail 地址应为（　　　）。

    A．Xinhua@Public.tpt.fj.cn　　　　B．Xinhua.public.tpt.fj.cn

    C．Xinhua.public@tpt.fj.cn　　　　D．Public.tpt.fj.cn@Xinhua

57．计算机病毒是指"能够侵入计算机系统并在计算机系统中潜伏、传播、破坏系统正常工作的一种具有繁殖能力的（　　　）"。

    A．流行性感冒病毒　　　　　　　B．特殊小程序

    C．特殊微生物　　　　　　　　　D．源程序

58．下列关于计算机病毒知识的叙述中，正确的一条是（　　　）。

    A．反病毒软件可以查、杀任何种类的病毒

    B．计算机病毒是一种被破坏了的程序

    C．反病毒软件必须随着新病毒的出现而升级，提高查、杀病毒的功能

    D．感染过计算机病毒的计算机具有对该病毒的免疫性

59. 以下文件格式哪种不是视频文件（　　）。

　　A．*.mov　　　　　　B．*.avi　　　　　　C．*.jpeg　　　　　　D．*.rm

60. 以下几种软件不能播放视频文件是（　　）。

　　A．Windows Media Player　　　　　　B．Flash MX 2004

　　C．Adobe Photoshop　　　　　　　　D．Real player

第二部分　上机操作题

一、打字题

要充分体现整体优化的原则科学地处理好各教学环节之间的关系要改革本科教学内容偏窄偏专的偏向改革课程内容陈旧分割过细和简单接着拼凑的状况避免脱节和不必要的重复提倡同类专业或相似专业按学科群开设共同的基础课程要防止因人设课和因无人而不设课的情况出现要通过优化课程结构改进教学方法引进现代化教学手段加强实践类活动类教学环节等途径通过更新课堂教学观念拓展课堂教学空间的办法为学生自主学习和独立思考留出足够的时间和空间使各种教学活动

二、Windows 操作题

1．在考生文件夹下新建文件夹 myfile，在 myfile 文件夹下再建 us1，us2 两个新文件夹。

2．在考生文件夹中新建 stu.doc 文件，并将其复制到 us1 文件夹中。

3．彻底删除 us1 文件夹。

4．在桌面上建立 us2 文件夹的快捷方式，快捷方式名为你的准考证号。

三、Word 操作题

【文档开始】

《软件工程》是计算机专业的一门工程性基础课程，在软件工程学科人才培养体系中占有重要的地位。软件开发是建立计算机应用系统的重要环节，人们通过软件工程学把软件开发纳入工程化的轨道，而软件工程学是用以指导软件人员进行软件的开发、维护和管理的科学。《软件工程》已成为高等学校计算机软件教学体系中的一门核心课程。

本课程以 IEEE 最新发布的软件工程知识体系为基础构建内容框架，注重贯穿软件开发整个过程的系统性认识和实践性应用，以当前流行的统一开发过程、面向对象技术和 UML 语言作为核心，密切结合软件开发的先进技术、最佳实践和企业案例，力求从"可实践"软件工程的角度描述需求分析、软件设计、软件测试以及软件开发管理，使学生在理解和实践的基础上掌握当前软件工程的方法、技术和工具。

【文档结束】

1．将短文加上标题"《软件工程》课程介绍"，标题居中，三号黑体，红色，加粗。

2．正文分两栏，加分隔线。

3．将全文中的"软件"替换成 software。

4．版面设置为 B5 纸型，上下边距为 2cm，左右边距为 2cm。

四、Excel 操作题

【文档开始】

学号	姓名	性别	数学	英语	物理	总分	平均分
0101	周下	女	90	92	88		
0102	王杰	男	75	83	75		
0103	李晓梅	女	56	89	80		
0104	马洪	男	79	86	82		
0105	刘晨	女	80	75	69		
0106	王平	男	64	66	71		
0107	刘超	男	88	70	87		
0108	张红	女	45	68	56		
0109	杨青	男	55	69	71		
0110	赵立	女	91	88	89		

▶ ▶│ \Sheet1 \ Sheet2 \ Sheet3 /

【文档结束】

1．将 Sheet1 命名为"题目"。

2．在表头行插入一空行，输入标题"学生成绩汇总表"，标题加粗，20 磅，跨列合并居中，加下划线，黄色底纹，数据清单加边框线。

3．使用函数求出每个学生的"总分"和"平均分"（以 2 位小数显示）。

4．建立"分类汇总"工作表，把"题目"工作表中的数据清单复制到工作表"分类汇总"中，按照"性别"进行分类，统计男女生的人数。

五、PowerPoint 操作题

【文档开始】

1 计算机考试
　　一份耕耘，一份收获

2 新的需要
　　· 随着互联网的发展，随时随地的计算成为可能，因此涌现出了许多高速的庞大的数据链。如今许多的组织都拥有这样的数据链。如何充分地利用这些数据链为企业决策者提供决策支持成为了一个迫切又棘手的问题。我们必须发展一些高效的数据挖掘算法对这些数据链进行挖掘。

【文档结束】

1．将演示文稿第一张幻灯片的标题内容"计算机考试"改成"计算机等级考试"。

2．将第二张幻灯片的标题设置为从左侧飞入，标题下方的正文部分设置动画效果为螺旋方式。

综合测试题五部分参考答案

题号	答案	题号	答案	题号	答案	题号	答案
1	D	16	D	31	C	46	B
2	D	17	B	32	D	47	A
3	D	18	C	33	C	48	C
4	A	19	A	34	B	49	D
5	C	20	A	35	A	50	B
6	C	21	C	36	A	51	B
7	A	22	C	37	C	52	D
8	C	23	C	38	D	53	D
9	C	24	B	39	C	54	C
10	C	25	A	40	D	55	B
11	C	26	B	41	D	56	A
12	B	27	D	42	A	57	D
13	A	28	B	43	B	58	C
14	A	29	A	44	C	59	C
15	B	30	A	45	B	60	C

第四篇　模拟篇

全国计算机等级一级 MS Office 考试软件操作简介

1. 上机考试系统考生登录操作步骤

进行全国计算机等级一级 Ms Office 考试时，运行登录程序图标，考试系统将显示登录画面。考生按空格键或回车键或在登录画面任何地方按鼠标键，系统将进入考生准考证号登录验证状态，屏幕显示登录窗口画面。考生需要输入自己的准考证号，并以回车键或单击"考号验证"按钮确认输入，接着考试系统开始对所输入的准考证号进行合法性检查。如果输入的准考证号不存在，则考试系统会显示登录提示信息窗口，并提示考生所输入的准考证号不存在，是否要退出考试登录系统。如果选择"是（y）"按钮，则退出考试登录系统；如果选择"否（n）"按钮，则请考生重新输入准考证号，直至输入正确或退出考试登录系统为止。如果输入的准考证号存在，则屏幕显示此准考证号所对应的姓名和身份证号，并提示考生所输入的准考证号是否正确。此时由考生核对自己的姓名和身份证号，如果发现不符合，则请选择"否（n）"按钮重新输入准考证号，考试系统最多允许考生输入准考证号三次，如果均不符合，则请主考或监考人员帮助查找原因，给予更正。如果输入的准考证号经核对后相符，则请考生选择"是（y）"按钮，接着考试系统进行一系列处理后将随机生成一份一级 Ms Office 考试的试卷。如果考试系统在抽取试题过程中产生错误并显示相应的错误提示信息，则考生应重新进行登录直至试题抽取成功为止。

在考试系统抽取试题成功之后，屏幕上就会显示一级 Ms Office 考试系统考生须知，如下图所示。

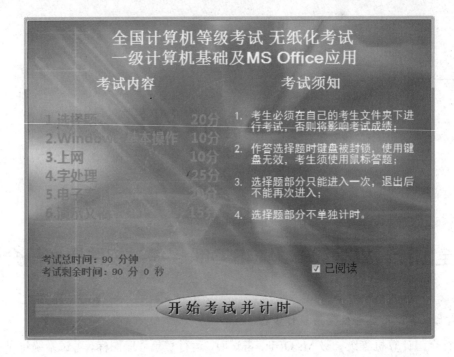

并请考生单击"开始考试并计时"按钮开始考试。此时，系统开始进行计时，考生所有的答题过程应在考生文件夹下完成。在屏幕上边会显示考生任务状态条，如下图如示：

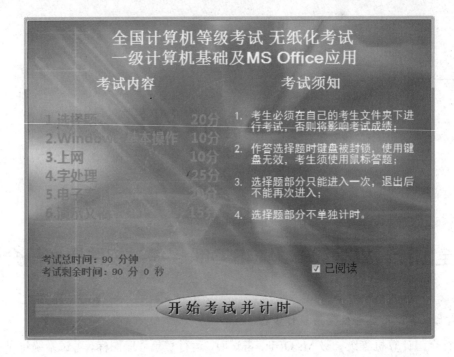

可以通过该任务条切换显示或隐藏试题界面，观察考生信息和考试时间，并能进行交卷操作。

考生在考试过程中遇到死机等意外情况（即无法进行正常考试）时，应向监考人员说明情况，由监考人员确认为非人为造成停机后，方可进行二次登录。在系统接受考生的准考证号并显示出姓名和身份证号后，考生确认是否相符，一旦考生确认，则系统就会给出提示。考生需由监考人员输入密码方可继续进行考试，因此考生必须注意在考试时不得随意关机，否则考点将有权终止其考试资格。

2. 考生答题操作步骤

全国计算机等级考试一级 Ms Office 考试系统提供了开放式的考试环境，考生可以在 Windows 操作系统下自由地使用各种应用软件系统或工具，它的主要功能是考试项目的执行、控制上机考试的时间以及试题内容的显示。

在考生登录成功后，考试系统将自动装载试题内容查阅工具，考生可根据考试的实际情况随意进行缩放和移动试题内容查阅窗口。一级 Ms Office 考试系统共有七个显示试题内容菜单项分别为"选择题"、"操作题"、"录入题"、"Word 题"、"Excel 题"、"PowerPoint 操作题"和"因特网操作题"，如下图所示。

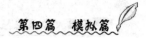

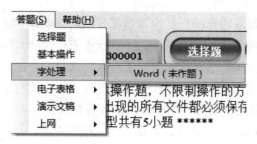

移动鼠标光标至五个菜单项上并单击鼠标左键就能显示相应考试项目的试题内容。当考生单击"选择题"按钮时，系统将显示选择题需操作的内容，此时请考生在"考试项目"菜单上选择"选择题"功能，如下图所示。

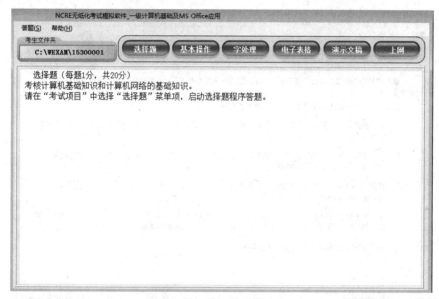

系统将自动进入选择题考试界面，如下图所示。

再根据试题内容的要求进行操作。选择题都是四选一的单项选择题，如要选 a、b、c 或 d 中的某一项，可单击该项，使选项前的小圆点中有一个黑点即为选中。如要修改已选的选项，可以重新单击正确的选项，即改变了原有的选项。在屏幕的下方有一排数字提示考生哪些题没做，哪些题已做，其红色数字表示没有答题，蓝色数字表示已经答题。在答题过程中，当考生由一题切换到另一题时该系统具有自动存盘功能。当考生单击"操作题"按钮时，系统将显示 Windows 基本操作试题，考生根据屏幕显示的试题内容进行操作。当考生单击"汉字录入"按钮时，系统将显示如何进行汉字录入部分的考试操作，此时请考生在"考试项目"菜单上选择"汉字录入"功能进行汉字录入考试。当考生单击"Word 题"按钮时，系统将显示 Word 题，如下图所示。

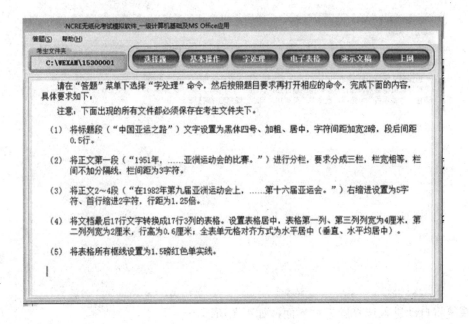

此时在"考试项目"菜单上选择"字处理"功能，如下图所示。

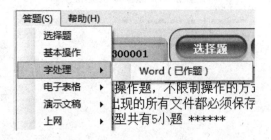

系统将自动进入 Microsoft Word For Windows 系统（字处理系统考点需事先安装），再根据试题内容的要求进行字处理操作。其中内容如下图所示。

中国亚运之路

1951年，第一届亚洲运动会在印度新德里举行时，中华全国体育总会应邀参观了大会。1973年9月18日，亚洲运动会联合会执委会在曼谷会议上确认中华全国体育总会为该联合会会员。同年11月16日，亚洲运动会联合会理事会在德黑兰会议上批准了执委会9月18日的决定。自1974年第七届始，中国派队参加了历届亚洲运动会的比赛。

在1982年第九亚洲运动会上，中国终于打破了日本长期独霸亚洲体坛的局面，金牌数越居第一。从那以后，中国体育运动的总体水平稳步提高，在历届亚洲运动会上都名列金牌榜首，成为名副其实的亚洲第一体育强国。

第十五届亚洲运动会于2006年12月1日到15日在卡塔尔首都多哈举行。亚洲体坛格局依然没有太大的变化。中国以165枚金牌，88块银牌，63块铜牌共316块奖牌连续第7次高居亚运会荣誉榜榜首的位置，本届亚运会中国为2008年奥运会练兵，很多选手第一次参赛就获得金牌。

中国广州将于2010年举办第十六届亚运会。

各届亚运会举办资料

	年份	举办地
第一届亚运会	1951年	印度新德里
第二届亚运会	1954年	菲律宾马尼拉
第三届亚运会	1958年	日本东京
第四届亚运会	1962年	印度尼西亚雅加达
第五届亚运会	1966年	泰国曼谷
第六届亚运会	1970年	泰国曼谷
第七届亚运会	1974年	伊朗德黑兰
第八届亚运会	1978年	泰国曼谷
第九届亚运会	1982年	印度新德里
第十届亚运会	1986年	韩国汉城
第十一届亚运会	1990年	中国北京
第十二届亚运会	1994年	日本 广岛
第十三届亚运会	1998年	泰国曼谷
第十四届亚运会	2002年	韩国釜山
第十五届亚运会	2006年	卡塔尔多哈
第十六届亚运会	2010年	中国广州

注意事项：考生做 Word 题时必须将文件保存到考生文件夹下，考生文件夹位置如下图所示。

如保存到其他地方则无法进行正确阅卷，其他模块考试操作方法类似，如下图所示。

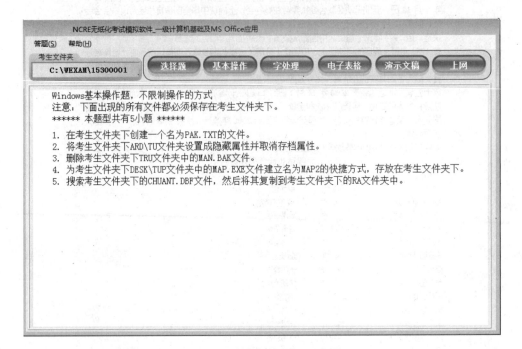

Excel 题目如下图所示。

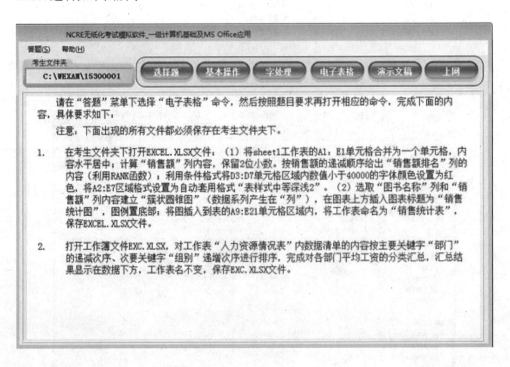

Excel 操作文档分别如下图所示。

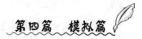

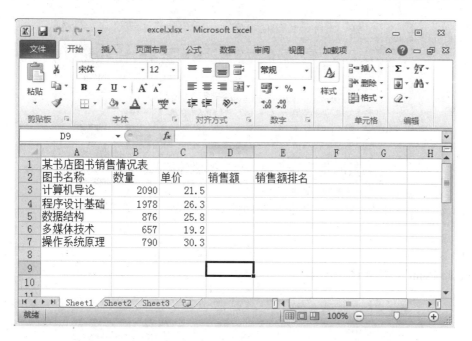

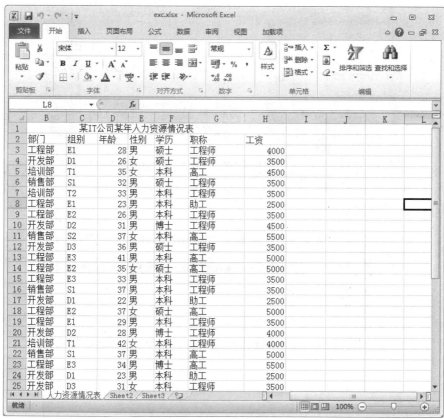

PowerPoint 题目如下图所示。

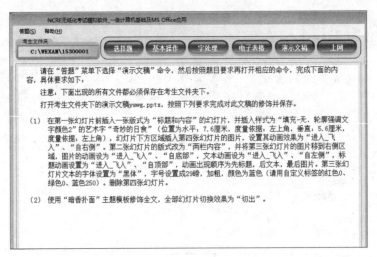

PowerPoint 文档如下图所示。

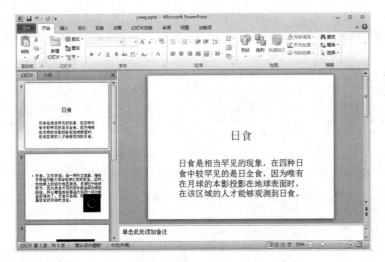

上网题目如下图所示。

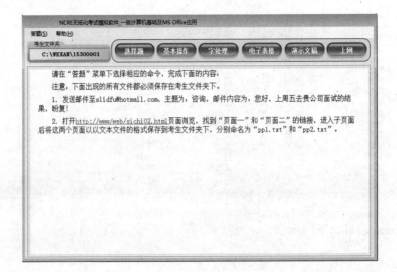

全国计算机等级考试

（一级计算机基础及 MS Office 应用）样题一

（一）选择题（20分）

请在"考试项目"中选择"选择题"菜单项，启动选择题程序答题。

1. CAI 表示为（　　）。

    A．计算机辅助设计　　　　　　　　　B．计算机辅助制造

    C．计算机辅助教学　　　　　　　　　D．计算机辅助军事

2. 计算机的应用领域可大致分为 6 个方面，下列选项中属于这几项的是（　　）。

    A．计算机辅助教学、专家系统、人工智能

    B．工程计算、数据结构、文字处理

    C．实时控制、科学计算、数据处理

    D．数值处理、人工智能、操作系统

3. 十进制数 269 转换为十六进制数为（　　）。

    A．10E　　　　　　B．10D　　　　　　C．10C　　　　　　D．10B

4. 二进制数 1010.101 对应的十进制数是（　　）。

    A．11.33　　　　　B．10.625　　　　　C．12.755　　　　　D．16.75

5. 十六进制数 1A2H 对应的十进制数是（　　）。

    A．418　　　　　　B．308　　　　　　C．208　　　　　　D．578

6. 32×32 点阵的字形码需要（　　）存储空间。

    A．32B　　　　　　B．64B　　　　　　C．72B　　　　　　D．128B

7. 对于 ASCII 码在机器中的表示，下列说法正确的是（　　）。

    A．使用 8 位二进制代码，最右边一位是 0

    B．使用 8 位二进制代码，最右边一位是 1

    C．使用 8 位二进制代码，最左边一位是 0

    D．使用 8 位二进制代码，最左边一位是 1

8. 某汉字的区位码是 2534，它的国际码是（　　）。

    A．4563H　　　　　B．3942H　　　　　C．3345H　　　　　D．6566H

9. 一台计算机可能会有多种多样的指令，这些指令的集合就是（　　）。

    A．指令系统　　　　B．指令集合　　　　C．指令群　　　　　D．指令包

10. 能把汇编语言源程序翻译成目标程序的程序称为（　　）。

    A．编译程序　　　　　　　　　　　　B．解释程序

    C．编辑程序　　　　　　　　　　　　D．汇编程序

11. Intel 486 机和 Pentium II 机均属于（　　）。

 A. 32 位机   B. 64 位机   C. 16 位机   D. 8 位机

12. 在计算机领域中通常用 MIPS 来描述（　　）。

 A. 计算机的运算速度   B. 计算机的可靠性

 C. 计算机的运行性   D. 计算机的可扩充性

13. MS-DOS 是一种（　　）。

 A. 单用户单任务系统   B. 单用户多任务系统

 C. 多用户单任务系统   D. 以上都不是

14. 下列设备中，既可做输入设备又可做输出设备的是（　　）。

 A. 图形扫描仪 B. 磁盘驱动器 C. 绘图仪   D. 显示器

15. SRAM 存储器是（　　）。

 A. 静态随机存储器   B. 静态只读存储器

 C. 动态随机存储器   D. 动态只读存储器

16. 磁盘格式化时，被划分为一定数量的同心圆磁道，软盘上最外圈的磁道是（　　）。

 A. 0 磁道   B. 39 磁道   C. 1 磁道   D. 80 磁道

17. CRT 显示器显示西文字符时，通常一屏最多可显示（　　）。

 A. 25 行、每行 80 个字符   B. 25 行、每行 60 个字符

 C. 20 行、每行 80 个字符   D. 20 行、每行 60 个字符

18. 计算机病毒可以使整个计算机瘫痪，危害极大。计算机病毒是（　　）。

 A. 一种芯片   B. 一段特制的程序

 C. 一种生物病毒   D. 一条命令

19. 下列关于计算机的叙述中，不正确的一条是（　　）。

 A. 软件就是程序、关联数据和文档的总和

 B. Alt 键又称为控制键

 C. 断电后，信息会丢失的是 RAM

 D. MIPS 是表示计算机运算速度的单位

20. 下列关于计算机的叙述中，正确的一条是（　　）。

 A. KB 是表示存储速度的单位 B. WPS 是一款数据库系统软件

 C. 目前广泛使用的 5.25 英寸软盘 D. 软盘和硬盘的盘片结构是相同的

（二）基本操作题（10 分）

（1）将考生文件夹下 fin 文件夹中的文件 kikk.html 复制到考生文件夹下文件夹 doin 中。

（2）将考生文件夹下 ibm 文件夹中的文件 care.txt 删除。

（3）将考生文件夹下 water 文件夹删除。

（4）为考生文件夹下 far 文件夹中的文件 start.exe 创建快捷方式。

（5）将考生文件夹下 studt 文件夹中的文件 ang.txt 的隐藏和只读属性撤销，并设置为存档属性。

（三）字处理题（25 分）

在考生文件夹下，打开文档 word1.docx，按照要求完成下列操作并以该文件名（word1.docx）保存文档。

【文档开始】

太阳的文牍有多高？

1879 年，奥地利物理学家斯特凡指出，物体的辐射是随它的文牍的四次方增加的。这样，根据斯特凡指出的物体的辐射与文牍的关系，以及测量得到的太阳辐射量，可以计算出太阳的表面文牍约为 6000℃。

太阳的文牍还可以根据它的颜色估计出来。我们都有这样的经验：当一块金属在熔炉中加热时，随着文牍的升高，它的颜色也不断地变化着：起初是暗红，以后变成鲜红、橙黄、……。因此当一个物体被加热时，它的每一种颜色都和一定的文牍相对应。

平时看到的太阳是金黄色的，考虑到地球大气层的吸收，太阳的颜色也是与 6000℃ 的文牍相对应的。

颜色与文牍的对应关系

颜色　　文牍

深红　　600℃

鲜红　　1000℃

玫瑰色　1500℃

橙黄　　3000℃

草黄　　5000℃

黄白　　6000℃

白色　　13000℃

蓝色　　25000℃

【文档结束】

（1）将文中所有错词"文牍"替换为"温度"。

（2）将标题段落（"太阳的温度有多高？"）设置为三号、蓝色、居中、加段落的黄色底纹。

（3）正文文字（"1879 年，……相对应的。"）设置为小四、楷体_GB2312（其中英文字体设置为"使用中文字体"），各段落左右缩进 1.5 字符，首行缩进 2 字符，段前间距 0.5 行。

（4）将表的标题段（"颜色与温度的对应关系"）设置为小四、加粗、居中。

（5）将文中最后 9 行文字转换成一个 9 行 2 列的表格，表格居中，列宽 3cm，表格中的文字设置为五号、宋体（其中英文字体设置为"使用中文字体"）、第一行文字水平居中。

（四）电子表格题（20 分）

（1）打开工作簿 excel.xlsx，将工作表 sheet1 的 A1:D1 单元格合并为一个单元格，内容水平居中，计算"金额"列的内容（金额=单价×订购数量），将工作表命名为"图书订购情况表"。

▲	A	B	C	D
1	某书库图书订购情况表			
2	图书名称	单价	订购数量	金额
3	高等数学	15.60	520	
4	数据结构	21.80	610	
5	操作系统	19.70	549	

（2）打开工作簿 exc.xlsx，对工作表"选修课程成绩单"打开工作簿文件 exc.xls，对工作表"选修课程成绩单"内的数据清单的内容 进行分类汇总（提示：分类汇总前先按课程名称升序排序），分类字段为"课程名称"，汇总方式为"均值"，汇总项为"成绩"，汇总结果显示在数据下方，将执行分类汇总后的工作表还保存在 exc.xls 工作簿文件中，工作表名不变。

▲	A	B	C	D	E
1	系别	学号	姓名	课程名称	成绩
2	信息	991021	李新	多媒体技术	74
3	计算机	992032	王文辉	人工智能	87
4	自动控制	993023	张磊	计算机图形学	65
5	经济	995034	郝心怡	多媒体技术	86
6	信息	991076	王力	计算机图形学	91
7	数学	994056	孙英	多媒体技术	77
8	自动控制	993021	张在旭	计算机图形学	60
9	计算机	992089	金翔	多媒体技术	73
10	计算机	992005	扬海东	人工智能	90
11	自动控制	993082	黄立	计算机图形学	85
12	信息	991062	王春晓	多媒体技术	78
13	经济	995022	陈松	人工智能	69
14	数学	994034	姚林	多媒体技术	89
15	信息	991025	张雨涵	计算机图形学	62
16	自动控制	993026	钱民	多媒体技术	66
17	数学	994086	高晓东	人工智能	78
18	经济	995014	张平	多媒体技术	80
19	自动控制	993053	李英	计算机图形学	93
20	数学	994027	黄红	人工智能	68
21	信息	991021	李新	人工智能	87
22	自动控制	993023	张磊	多媒体技术	75
23	信息	991076	王力	多媒体技术	81
24	自动控制	993021	张在旭	人工智能	75
25	计算机	992005	扬海东	计算机图形学	67
26	经济	995022	陈松	计算机图形学	71
27	信息	991025	张雨涵	多媒体技术	68
28	数学	994086	高晓东	多媒体技术	76
29	自动控制	993053	李英	人工智能	79
30	计算机	992032	王文辉	计算机图形学	79

（五）演示文稿题（15 分）

打开指定文件夹下的演示文稿 yswg2.pptx，按下列要求完成对此文稿的修饰并保存。

（1）在幻灯片的主标题处输入"世界是你们的"；字体设置成加粗、66 磅。在演示文稿后插入第二张幻灯片，标题处输入"携手创世纪"，文本处输入"让我们同舟共济，与时俱进，创造新的辉煌!"。第二张幻灯片的文本部分动画设置为"右下角飞入"。

（2）使用"活力"演示文稿设计模板修饰全文；全部幻灯片的切换效果设置为"平移"。

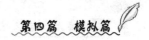

（六）上网题（10分）

（1）某考试网站的主页地址是 http://ncre/1jks/index.html，打开此主页，浏览"计算机考试"页面，查找"NCRE 二级介绍"页面内容，并将它以文本文件的格式保存到考生文件夹下，命名为"1jswks01.txt"。

（2）向财务部主任张小莉发送一个电子邮件，并将考生文件夹下的一个 Word 文档 ncre.doc 作为附件一起发出，同时抄送总经理王先生。

具体内容如下。

【收件人】zhangxl@163.com

【抄送】wangqiang@sina.com

【主题】差旅费统计表

【函件内容】"发去全年差旅费统计表，请审阅。具体计划见附件。"

参考答案

（一）选择题

1～5：CCBBA　　6～10：DCBAD　　11～15：AAABA　　16～20：AABBD

全国计算机等级考试

（一级计算机基础及 MS Office 应用）样题二

（一）选择题（20 分）

1. 计算机之所以能按人们的意志自动进行工作，最直接的原因是因为采用了（　　）。
   - A. 二进制数制
   - B. 高速电子元件
   - C. 存储程序控制
   - D. 程序设计语言

2. 微型计算机主机的主要组成部分是（　　）。
   - A. 运算器和控制器
   - B. CPU 和内存储器
   - C. CPU 和硬盘存储器
   - D. CPU、内存储器和硬盘

3. 一个完整的计算机系统应该包括（　　）。
   - A. 主机、键盘和显示器
   - B. 硬件系统和软件系统
   - C. 主机和它的外部设备
   - D. 系统软件和应用软件

4. 计算机软件系统包括（　　）。
   - A. 系统软件和应用软件
   - B. 编译系统和应用软件
   - C. 数据库管理系统和数据库
   - D. 程序、相应的数据和文档

5. 微型计算机中，控制器的基本功能是（　　）。
   - A. 进行算术和逻辑运算
   - B. 存储各种控制信息
   - C. 保持各种控制状态
   - D. 控制计算机各部件协调一致地工作

6. 计算机操作系统的作用是（　　）。
   - A. 管理计算机系统的全部软、硬件资源，合理组织计算机的工作流程，以达到充分发挥计算机资源的效率，为用户提供使用计算机的友好界面
   - B. 对用户存储的文件进行管理，方便用户
   - C. 执行用户输入的各类命令
   - D. 为汉字操作系统提供运行的基础

7. 计算机的硬件主要包括中央处理器（CPU）、存储器、输出设备和（　　）。
   - A. 键盘
   - B. 鼠标
   - C. 输入设备
   - D. 显示器

8. 下列各组设备中，完全属于外部设备的一组是（　　）。
   - A. 内存储器、磁盘和打印机
   - B. CPU、软盘驱动器和 RAM
   - C. CPU、显示器和键盘
   - D. 硬盘、软盘驱动器、键盘

9. 五笔字型码输入法属于（　　）。
   - A. 音码输入法
   - B. 形码输入法
   - C. 音形结合的输入法
   - D. 联想输入法

10. GB2312 编码字符集中一个汉字的机内码长度是（　　　）。

    A．32 位　　　　　B．24 位　　　　　C．16 位　　　　　D．8 位

11. RAM 的特点是（　　　）。

    A．断电后，存储在其内的数据将会丢失

    B．存储在其内的数据将永久保存

    C．用户只能读出数据，但不能随机写入数据

    D．容量大但存取速度慢

12. 计算机存储器中，组成一个字节的二进制位数是（　　　）。

    A．4　　　　　　　B．8　　　　　　　C．16　　　　　　　D．32

13. 微型计算机硬件系统中最核心的部件是（　　　）。

    A．硬盘　　　　　B．I/O 设备　　　　C．内存储器　　　　D．CPU

14. 无符号二进制整数 10111 转变成十进制整数，其值是（　　　）。

    A．17　　　　　　B．19　　　　　　C．21　　　　　　D．23

15. 一条计算机指令中，通常包含（　　　）。

    A．数据和字符　　　　　　　　　B．操作码和操作数

    C．运算符和数据　　　　　　　　D．被运算数和结果

16. KB（千字节）是度量存储器容量大小的常用单位之一，1KB 实际等于（　　　）。

    A．1000 个字节　B．1024 个字节　C．1000 个二进位　D．1024 个字

17. 计算机病毒破坏的主要对象是（　　　）。

    A．磁盘片　　　　B．磁盘驱动器　　C．CPU　　　　　D．程序和数据

18. 下列叙述中，正确的是（　　　）。

    A．CPU 能直接读取硬盘上的数据

    B．CUP 能直接存取内存储器中的数据

    C．CPU 有存储器和控制器组成

    D．CPU 主要用来存储程序和数据

19. 在计算机技术指标中，MIPS 用来描述计算机的（　　　）。

    A．运算速度　　　B．时钟主频　　　C．存储容量　　　D．字长

20. 局域网的英文缩写是（　　　）。

    A．WAM　　　　　B．LAN　　　　　C．MAN　　　　　D．Internet

（二）基本操作题（10 分）

按要求完成下列操作，操作方式不限。

1. 在考生文件夹下建立 peixun 文件夹。

2. 在考生文件夹下查找所有小于 80K 的 Word 文件，将找到的所有文件复制到 peixun 文件夹中。

3. 将 peixun 文件夹中 tt.doc 文件重命名为"通讯录.doc"。

4. 将 peixun 文件夹设置为"只读"属性。

5. 将 peixun 文件夹在资源管理器的显示方式调整为"详细资料"并且按"日期"排列。

（三）字处理题（25 分）

在考生文件夹下，打开文档 word1.docx，按照要求完成下列操作并以该文件名（word1.docx）保存文档。

【文档开始】

中报显示多数集锦上半年亏损

截至昨晚 10 点，深沪两市共有 31 只封闭式集锦通过网上公布了它们的半年报。其中深市 16 只，沪市 15 只。它们的主要财务指标显示，上半年它们绝大多数都是亏损的。

在单位集锦本期净收益这一指标中，集锦开元、普惠、景宏、裕隆、天元、裕华、景博、普丰、隆元、裕泽、景福、科翔、普华、普润、兴和、汉鼎、景业、兴安、科汇、汉盛、汉兴、科讯、汉博、金元、裕阳、兴华、景阳等 27 只都是负值，只有科瑞、兴科、兴业、裕元等 4 只是正值。

另外，还有集锦普惠、景宏、裕隆、天元、裕华、景博、普丰、裕泽、景福、隆元、科翔、普华、兴和、汉鼎、兴安、科汇、汉盛、汉兴、科讯、汉博、金元、裕阳、兴华、景阳、景业、裕元、普润等 27 只集锦资产净值收益率为负值。

在 31 只封闭式集锦中，有集锦景宏、裕泽、隆元、普华、兴安、汉盛、金元、汉兴、景业、普润、汉鼎、兴业、汉博等 13 只集锦的单位集锦资产净值跌到了面值以下。

集锦净值排行榜（截止时间：2002-8-30）

集锦代码	集锦名称	调后净值
500009	集锦安顺	1.0715
500008	集锦兴华	1.0613
500013	集锦安瑞	1.0612
500018	集锦兴和	1.0493
184688	集锦开元	1.0456

【文档结束】

（1）将文中所有错词"集锦"替换为"基金"。

（2）将标题段（"中报显示多数基金上半年亏损"）文字设置为浅蓝色、小三号、仿宋_GB2312、居中、加绿色底纹。

（3）设置正文各段落（"截至昨晚 10 点……面值以下。"）左右各缩进 1.5 字符、段前间距 0.5 行、行距为 1.1 倍行距设置正文第一段（"截至昨晚 10 点……都是亏损的。"）首字下沉 2 行距正文 0.1cm。

（4）将文中后 6 行文字转换成一个 6 行 3 列的表格并依据"基金代码"列按"数字"类型升序排列表格内容。

（5）设置表格列宽为 2.2cm、表格居中设置表格外框线及第 1 行的下框线为红色 3 磅单实线、表格其余框线为红色 1 磅单实线。

（四）电子表格题（20 分）

（1）打开工作簿 excel.xlsx，将 Sheet1 工作表的 A1:D1 单元格合并为一个单元格，水平对齐方式设置为居中；计算各种设备的销售额（销售额=单价×数量，单元格格式数字分类为货币，货币符号为￥，小数点位数为0），计算销售额的总计（单元格格式数字分类为货币，货币符号为￥，小数点位数为0）。将工作表 Sheet2 命名为"设备销售情况表"。

（2）选取 sheet1 工作表的"设备名称"和"销售额"两列的内容（总计行除外）建立"柱形棱锥图"，X 轴为设备名称，标题为"设备销售情况图"，不显示图例，网格线分类（X）轴和数值（Z）轴显示主要网格线，设置图的背景墙格式图案区域的过渡颜色类型是单色，颜色是紫罗兰，将图插入到工作表的 A9:E22 单元格区域内。

	A	B	C	D
1	某公司年设备销售情况表			
2	设备名称	数量	单价	销售额
3	微机	36	6580	
4	MP3	89	897	
5	数码相机	45	3560	
6	打印机	53	987	
7			总计	

（五）演示文稿题（15 分）

打开考生文件夹下的演示文稿 yswg.pptx，按照下列要求完成对此文档的修饰并保存。

（1）在演示文稿开始处插入一张"只有标题"幻灯片，作为文稿的第一张幻灯片，标题输入"龟兔赛跑"，设置为：加粗，66 磅；将第二张幻灯片的动画效果设置为"切入"，"自左侧"。

（2）使用演示文稿设计模板"复合"修饰全文。全部幻灯片的切换效果设置为"平移"。

（六）上网题（10 分）

接收并阅读由 xuexq@mail.neea.edu.cn 发来的 E-mail，并按 E-mail 中的指令完成操作。

参考答案

（一）选择题

1～5：CBBAD　　6～10：ACDBC　　11～15：ABDDB　　16～20：BDBAB

参 考 文 献

[1] 冯博琴. 大学计算机基础. 北京：高等教育出版社，2004.

[2] 卢湘鸿. 计算机应用教程. 北京：清华大学出版社，2002.

[3] 卢湘鸿. 计算机基础教程习题解答与实验指导. 北京：清华大学出版社，2002.

[4] Timothy J.O'Leary.Computer Essentials（影印版）. 北京：高等教育出版社，2004.